Teubner Skripten zur Numerik

Bader/Rannacher/ Wittum (Hrsg.)
Numerische Algorithmen auf Transputer-Systemen

Teubner Skripten zur Numerik

Herausgegeben von
Prof. Dr. rer. nat. Hans Georg Bock, Universität Augsburg
Prof. Dr. rer. nat. Wolfgang Hackbusch, Universität Kiel
Prof. Dr. phil. nat. Rolf Rannacher, Universität Heidelberg

Die Reihe soll ein Forum für Einzel- sowie Sammelbeiträge zu aktuellen Themen der Numerischen Mathematik und ihrer Anwendungen in Naturwissenschaften und Technik sein. Das Programm der Reihe reicht von der Behandlung klassischer Themen aus neuen Blickwinkeln bis hin zur Beschreibung neuartiger noch nicht etablierter Verfahrensansätze. Es umfaßt insbesondere die mathematische Fundierung moderner numerischer Methoden sowie deren Aufbereitung für praxisrelevante Anwendungen. Dabei wird bewußt eine gewisse Vorläufigkeit und Unvollständigkeit der Stoffauswahl und Darstellung in Kauf genommen, um den Leser schnell mit aktuellen Entwicklungen auf dem Gebiet der Numerik vertraut zu machen. Dadurch soll in den Texten die Lebendigkeit und Originalität von Vorlesungen und Forschungsseminaren erhalten bleiben. Hauptziel ist es, in knapper aber fundierter Weise über aktuelle Entwicklungen zu informieren und damit weitergehende Studien anzuregen und zu erleichtern.

Numerische Algorithmen auf Transputer-Systemen

Herausgegeben von
Priv.-Doz. Dr. rer. nat. Georg Bader
Prof. Dr. phil. nat. Rolf Rannacher
Prof. Dr. rer. nat. Gabriel Wittum
Universität Heidelberg

B. G. Teubner Stuttgart 1993

Die Deutsche Bibliothek – CIP-Einheitsaufnahme

Numerische Algorithmen auf Transputer-Systemen / hrsg. von
Georg Bader ... - Stuttgart : Teubner, 1993
(Teubner-Skripten zur Numerik)
ISBN 978-3-519-02716-4 ISBN 978-3-322-94760-4 (eBook)
DOI 10.1007/978-3-322-94760-4

NE: Bader, Georg

Herstellung: Druckhaus Beltz, Hemsbach/Bergstraße

Vorwort

Dieser Sammelband enthält die ausgearbeiteten Fassungen einiger Beiträge zu einem Workshop über "Numerische Algorithmen auf Transputer-Systemen", welcher im Rahmen der Aktivitäten zweier GAMM-Fachausschüsse am 31.5.-1.6.1991 in Heidelberg stattfand. Die etwa 120 Teilnehmer aus Mathematik, Physik, Informatik und den Ingenieurwissenschaften diskutierten theoretische und praktische Aspekte des Entwurfs und der Realisierung von numerischen Algorithmen vornehmlich auf Transputer-basierten Parallelrechnern. Die starke Rolle der Transputer-Systeme spiegelte deren große Verbreitung an Hochschulinstituten wieder. Seit Anfang 1990 wurden in der Bundesrepublik mehrere größere Parallelrechner dieser Art mit bis zu 320 Prozessoren installiert. Dazu kommen noch eine Vielzahl kleiner Entwicklungssysteme bis hinunter zu einzelnen Transputer-Boards in Tischrechnern. Dies hat zu einem weitverbreiteten Interesse an den mit der Transputer-Technologie verbundenen Hard- und Software-Fragen geführt. Die Präsenz der anderen Parallelrechnertypen vornehmlich US-amerikanischer Herkunft blieb dagegen auf relativ wenige Installationen in größeren Instituten und Rechenzentren beschränkt.

Im Zuge der breiteren Verfügbarkeit von Parallelrechnern aller Größenordnungen befaßt sich eine zunehmende Zahl von Arbeitsgruppen an Universitäten und in außeruniversitären Forschungseinrichtungen mit der Entwicklung von parallelen Algorithmen und deren Anwendung für wissenschaftliche und technische Problemstellungen. Diese Entwicklung folgt dem internationalen Trend im wissenschaftlichen Rechnen hin zur Nutzung von Mehrprozessorsystemen zur Steigerung der numerischen Rechenleistung. Da abzusehen ist, daß die kommenden Hochleistungsrechner wohl durchgehend parallele Architekturen haben werden, ist es wichtig, bereits frühzeitig möglichst viele Erfahrungen mit der Parallelisierung von Algorithmen und ihrer Implementierung zu sammeln. Das GAMM-Seminar hatte daher das vornehmliche Ziel, neben der Sichtung der inländischen Aktivitäten auf diesem Gebiet, den Erfahrungsaustausch zwischen den einschlägig arbeitenden Gruppen zu stimulieren. "Anfänger" sollten die Gelegenheit erhalten, aus den teilweise auch leidvollen Erfahrungen der weiter Fortgeschrittenen zu lernen und die Schwierigkeiten beim Einstieg in die parallele Datenverarbeitung zu mildern.

Heidelberg, den 15. September 1992

Georg Bader
Rolf Rannacher
Gabriel Wittum

Inhalt

Übersicht

Der Einsatz von Parallelrechnern im Bereich des wissenschaftlichen Rechnens wirft eine Reihe neuer Fragestellungen sowohl für die Entwicklung effizienter Algorithmen als auch deren Implementierung auf. Im Gegensatz zu den traditionellen Arbeitsplatz- und Großrechnern erfordert das erfolgreiche Arbeiten auf Parallelrechnern wesentlich mehr Beachtung der speziellen Hard- und Software-Gegebenheiten. Hierbei stellen besonders massiv parallele Multiprozessorsysteme mit verteiltem Speicher neue Anforderungen. Solche Rechner zeichnen sich durch eine relativ moderate Leistungsfähigkeit (1-10 MFlops, 4-8 MByte Kernspeicher) der Einzelprozessoren aus. Um hohe Gesamtleistung zu erzielen bedarf es somit der Verwendung vieler Prozessoren für die Bearbeitung eines Problemes. Dies führt notwendigerweise zu einer relativ geringen "Granularität" der von den Prozessoren zu bearbeitenden Teilaufgaben. Viele der bekannten effizienten Algorithmen zeichnen sich jedoch gerade dadurch aus, daß sie ein hohes Maß an innerer Rekursivität verbunden mit intensivem "globalem" Informationsaustausch aufweisen. Im Gegensatz hierzu besitzen einfach parallelisierbare "lokale" Algorithmen oft nur geringe numerische Effizienz. Der zentrale kritische Punkt bei der Parallelisierung ist es somit eine geeignete Balance zwischen den Gegenpolen "numerische Effizienz" und "parallele Effizienz" zu erreichen. Dies erfordert intensive Entwicklungsarbeiten hin zu neuen algorithmischen Konzepten.

Die 10 Beiträge dieses Sammelbandes beschäftigen sich mit unterschiedlichen Aspekten der Nutzung von Parallelrechnern. Hierbei bilden numerische Anwendungen einen Schwerpunkt. Im Teil *A. Effektive Nutzung von Parallelrechnern* werden zunächst anhand von T800-basierten Transputer-Systemen die technischen Gegebenheiten und die verfügbaren Arbeitsumgebungen eines Parallelrechners erläutert. Daran schließt sich ein Exkurs in die adäquate Programmierung paralleler Algorithmen an. Zur Auswertung der auf einem Parallelrechner erzeugten großen Datenmengen sind leistungsfähige graphische Tools erforderlich. Als Beispiel einer besonders gut zur Parallelisierung geeigneten Methode wird das Ray-Tracing beschrieben.

Im Teil *B. Parallele Lösungsmethoden* werden dann verschiedene Ansätze für den Entwurf paralleler numerischer Algorithmen behandelt. Kernpunkt ist dabei zunächst die Frage nach der Parallelisierbarkeit von bereits als hocheffizient und genau bekannten sequentiellen Verfahren. Dazu gehören Extrapolationstechniken auf "dünnen" Gittern und natürlich die vorkonditionierten

CG–Verfahren sowie Mehrgitter- und Frequenzfiltermethoden. Schließlich werden auch neuartige Verfahrensansätze wie Gebietszerlegungsmethoden in Ort und Zeit diskutiert, die speziell im Hinblick auf eine parallele Verarbeitung interessant werden.

Schließlich im Teil *C. Strömungsmechanische Anwendungen* werden exemplarisch einige Realisierungen paralleler Algorithmen auf Transputer–Systemen beschrieben. Im Vordergrund stehen dabei Problemstellungen der Strömungsmechanik wie die Lösung der Navier–Stokes–Gleichungen. Beim Vergleich einfacher expliziter mit wesentlich komplexeren impliziten Algorithmen werden die charakteristischen Schwierigkeiten bei der Parallelisierung von kommunikationsintensiven Lösungsverfahren sichtbar. Eine hohe *numerische* Effizienz geht meist zu Lasten der *parallelen Effizienz.* Weiter wird auch erkennbar, daß der Erfolg der verwendeten Parallelisierungsstrategie stark von der zu bearbeitenden Problemstellung abhängt. Das anspruchsvolle Ziel der Realisierung eines integrierten Strömungssimulationssystem auf einem Parallelrechner rückt durch diese Arbeiten in greifbare Nähe.

Arbeitsumgebungen und Leistung von Transputersystemen

G. Bader und B. Przywara

Interdisziplinäres Zentrum für Wissenschaftliches Rechnen
Im Neuenheimer Feld 368
D-6900 Heidelberg

Zusammenfassung

Die Analyse typischer Problemstellungen des wissenschaftlichen Rechnens erfordert Computer mit immer höherer Rechenleistung und größerem Speicher. Eine Möglichkeit diesen schnell wachsenden Anforderungen gerecht zu werden, bietet der Einsatz von Parallelrechnern. Speziell MIMD-Rechner mit verteiltem Speicher stellen aufgrund ihrer potentiell unbegrenzten Skalierbarkeit eine interessante Option dar. Für einen effektiven Einsatz bedarf es jedoch der Entwicklung und Implementierung geeigneter Algorithmen. Dabei treten neue Fragestellungen, wie etwa die geeignete Partition eines vorliegenden Problems und die Realisierung von Kommunikationsstrukturen, auf. Diese führen, insbesondere bei der Implementierung komplexer Anwendungen, zu einem nicht zu vernachlässigenden Mehraufwand an Entwicklungszeit. Dieser ist jedoch nur zu rechtfertigen, wenn dadurch deutlich größere Probleme behandelt werden können oder eine drastische Reduktion der Rechenzeit erzielt wird.

Die vorliegende Arbeit versucht eine Bewertung von Transputersystemen für Aufgabenstellungen des wissenschaftlichen Rechnens. Insbesondere werden verschiedene Arbeitsumgebungen bezüglich ihres Einflusses auf die erzielbare Gesamtleistung untersucht. Um diese Fragen eingehend studieren zu können, wird die parallele Lösung großer Gleichungssysteme und der Slalom–Benchmark betrachtet.

1 Übersicht

Für die Untersuchung typischer Fragestellungen des wissenschaftlichen Rechnens bedarf es des Einsatzes von zunehmend leistungsfähigeren Rechnern. Beispielsweise ist die Analyse physikalisch-technischer Problemstellungen ohne den Einsatz von Hochleistungsrechnern kaum mehr vorstellbar. Um diese schnell wachsenden Ansprüche zu befriedigen, bietet sich entweder der Einsatz klassischer Vektorrechner oder aber die Verwendung relativ neuartiger Parallelrechner an. Kennzeichnend für beide Rechnerarchitekturen ist die zeitparallele Verarbeitung von Daten zur Erhöhung der Rechengeschwindigkeit.

Entscheidet man sich zugunsten der Parallelverarbeitung, so existieren im wesentlichen zwei Ansätze. Die erste Klasse von Rechnern basiert auf relativ wenigen, extrem leistungsstarken Prozessoren, die über Vektoreinheiten verfügen. Typische Vertreter solcher Rechnerarchitekturen sind Großrechner, etwa CRAY-YMP und IBM 3090 Mehrprozessorsysteme. Die andere Klasse von Parallelrechnern basiert auf einer deutlich größeren Anzahl von Prozessoren mit moderater Rechenleistung. Beispiele für solche Architekturen sind etwa Intel Hypercube und nCUBE Rechner oder Transputersysteme. Diese Rechner erzielen ihre hohe Leistung durch die Verwendung vieler Prozessoren, i.e. durch massiv parallele Verarbeitung.

Ein wichtiges Kriterium zur Entscheidung für eine der obigen Kategorien von Rechnern ist die für Anwendungen tatsächlich erzielbare Leistung. Techniken für eine effiziente Programmierung von Parallelrechnern mit einer moderaten Anzahl von Prozessoren auf Vektorbasis sind weitgehend untersucht und verstanden. Im Gegensatz hierzu sind entsprechende Techniken und effiziente Algorithmen für massiv parallele Rechner noch in der Entwicklung begriffen. Erste Resultate auf der Basis von Benchmark-Problemen erlauben jedoch bereits eine erste Wertung massiv paralleler Rechnersysteme.

Die auf Hochleistungsrechnern tatsächlich erzielte Leistung hängt von einer Vielzahl von Faktoren ab. Für Parallelrechner lassen sich drei wesentliche Klassen von Einflußgrößen isolieren. Die erste wird durch die Hardware-Spezifikationen der Prozessoren, wie Rechen- und Kommunikationsleistung, bestimmt. Die zweite Klasse von Faktoren ist durch System- und Arbeitsumgebung, Compiler, Bibliotheken und ähnliches gegeben. Schließlich zeigt auch die Anwenderebene, i.e. das zu lösende Problem und der verwendete parallele Algorithmus, großen Einfluß. Dabei ist zu berücksichtigen, daß die genannten Einflußgrößen nicht unabhängig voneinander zu bewerten sind. Zum Beispiel zeigen verschiedene Parallelisierungsstrategien ein und desselben Algorithmus auf verschiedenen Architekturen oder Arbeitsumgebungen eventuell deutlich unterschiedliche Effizienzen.

In der vorliegenden Arbeit werden wir uns mit Transputersystemen, siehe [Kü 90], beschäftigen. Insbesondere gehen wir auf die mit solchen Systemen angebotenen Arbeitsumgebungen, wie Helios und Par.C, ein. Diese werden anhand von Benchmark-Problemen auf ihre Leistungsfähigkeit untersucht. Als Beispiele hierfür werden die Lösung vollbesetzter linearer Gleichungssysteme, siehe [DM 79], und der Slalom-Benchmark, siehe [GR 90, GR 90], analysiert. Solche, vom algorithmischen Standpunkt betrachtet, relativ einfachen Probleme, erlauben eine eingehende Untersuchung und Bewertung wichtiger Faktoren für die Leistungsfähigkeit von Rechnersystemen. Für Untersuchungen an komplexeren Problemen sei auf [BG 92] verwiesen.

2 Transputersysteme

Da eine Bewertung der Leistungsfähigkeit von Transputersystemen ohne die Kenntnis sowohl der Hardware dieser Prozessoren als auch der verwendeten Arbeitsumgebungen nicht möglich ist, werden in den folgenden Abschnitten die wichtigsten Informationen hierüber zusammengestellt. Weitergehende Details über solche Systeme finden sich in [H 78, H 85, Kü 90] und den darin zitierten Arbeiten.

2.1 Hardware

Unter dem Begriff des Transputers versteht man eine Familie von Mikroprozessoren des englischen Herstellers Inmos, die das kommunikationstheoretische Modell des *Communication Sequential Processes* (CSP) nach Hoare [H 78, H 85] realisiert. Die am häufigsten verwendeten Prozessoren T800 (25 MHz) und T805 (30 MHz) integrieren neben einer 32 bit CPU einen 64 bit Fließkommaprozessor (FPU), 4 KBytes schnellen on-chip Speicher und vier Kommunikationsmodule auf einem einzigen Chip. Diese Funktionseinheiten können alle parallel arbeiten. Insbesondere die Integration der Kommunikationsmodule auf dem Chip erlaubt einen Datenaustausch mit bis zu maximal 2.5 MBytes pro Sekunde über jeden der vier Kommunikations-Links. Die Aufsetzzeiten für eine

Kommunikation sind von der Größenordnung 5 Mikrosekunden. Dies macht diesen Prozessor zum idealen Baustein für massiv parallele Rechner. Andererseits erzwingt die recht moderate Leistung dieses Prozessors von ca. 12 MIPS und 1–2 MFlops ein massiv paralleles Arbeiten, um eine hohe Gesamtleistung zu erreichen. Eine deutliche Steigerung der Rechen- und Kommunikationsleistung ist durch den angekündigten Prozessor T9000 zu erwarten, siehe [In 91].

Massiv parallele Systeme, welche diese Prozessoren verwenden, werden unter anderem von der Firma Parsytec in der Form von SuperClustern angeboten. Diese Rechner bestehen aus bis zu 512 Transputern, die entweder auf Hardware- oder Softwareebene frei zu beliebigen Topologien konfigurierbar sind. Damit stehen für die Parallelverarbeitung Rechner mit über 500 MFlops Nominalleistung zur Verfügung. Solche Systeme sind typischerweise mit 4 oder 8 MByte Kernspeicher pro Prozessor ausgerüstet und bieten damit beste Voraussetzungen für die Bearbeitung extrem großer Probleme. In diesem Zusammenhang sei erwähnt, daß diese massiv parallelen Systeme über einen Hardwaremechanismus für die automatische Fehlerkorrektur von Speicherfehlern (EDC) verfügen, welcher 1 bit Fehler korrigiert und 2 bit Fehler erkennt. Dies führt jedoch zu einer Reduktion der Prozessorleistung um ca. 10%.

2.2 Software

Grundsätzlich muß zwischen zwei Arten von Arbeitsumgebungen für parallele Rechner unterschieden werden. Dies sind zunächst die verteilten parallelen Betriebssysteme, bei denen auf jedem Rechenknoten eine identische Kopie eines komplexen Betriebssystems gebootet wird. Wegen des notwendigen Informationsaustausches übernimmt das Betriebssystem die Kontrolle über die Kommunikationskanäle des Prozessors. Solche Betriebssysteme sind fast ausschließlich Unix–Derivate und bieten dem Benutzer eine von der Workstation bekannte Arbeitsumgebung an. Die gesamte Softwareentwicklung wird auf dem zur Verfügung stehenden Transputernetzwerk betrieben, also nicht auf der typischerweise vorgeschalteten Host–Workstation.

Die zweite Klasse der Arbeitsumgebungen umfaßt die Standalone–Systeme mit Crosscompilern. Bei diesen erfolgt die Programmentwicklung auf dem Hostrechner. Der Programmcode wird dann zusammen mit einem kleinen Laufzeitkernel auf das an den Hostrechner gekoppelte Tranputernetzwerk geladen.

Helios (Perihelion/Parsytec, siehe [D 91]) ist ein verteiltes paralleles Betriebssystem. Es ist stark an UNIX orientiert und bietet dementsprechende Benutzerschnittstellen an. Unter diesem Betriebssystem werden zwei Varianten der Kommunikation angeboten, die beide Bibliotheksroutinen verwenden. Die Standardkommunikation zwischen den parallelen Benutzertasks beruht auf POSIX-Kanälen (IEEE 1003.1, 1988). Der Benutzer definiert über die *component distribution language* (CDL) die logische Struktur der Kommunikation und überläßt die Verteilung der Tasks auf die physikalisch konfigurierte Topologie dem Betriebssystem. Dieses richtet die POSIX–Kanäle ein und übernimmt das Routing durch das Transputernetzwerk. Hierfür sind jedoch komplexe Kontrollmechanismen erforderlich, was zu einem erheblichen Overhead von 1 Millisekunde in den Zeiten für den Kommunikations–Startup führt. Eine Alternative dazu stellt die Kommunikation über die physikalischen Links der Prozessoren dar, i.e. *dumb link* Kommunikation. Hierbei wird das Betriebssystem umgangen und die Links direkt angesprochen. Damit entfällt aufgrund fehlender Routingmechanismen zwischen einzelnen Tasks das Abbilden logischer Kommunikationsstrukturen auf die konfigurierten Prozessoren. Die aufwendige Kontrolle des Betriebssystems wird dabei jedoch überflüssig, was zur Reduktion des Startup auf 50 Mikrosekunden pro Kommunikationsschritt führt.

Helios bietet die Anwendung unterschiedlicher Programmiersprachen an. So beispielsweise ANSI C (Version 2.01, siehe [PH 90]) und Fortran 77 (Topexpress Version 1.1, siehe [TX 91], und Meiko Version 1.0, siehe [M 89]). In beiden Fällen erzeugt der Compiler ausführbaren Code von relativ geringer Effizienz. Ein Grund hierfür liegt in der fehlenden Ausnutzung der Parallelität der Prozessoreinheiten. Außerdem bietet Helios einen Debugger für parallele Programme an.

In die zweite Klasse der Arbeitsumgebungen gehören die Compiler ICC Toolset (Inmos, siehe [In 90]), LSC (Logical Systems Version 88.4, siehe [LS 89]), Par.C (Parsec/ACE Version 1.31, siehe [PC 90]) und Occam Toolset (Inmos, siehe [In 88, JG 88]). Diese unterscheiden sich voneinander im wesentlichen durch die Konzepte für die Realisierung der Kommunikation. Sowohl ICC, als auch LSC sind Standard ANSI C Compiler. Sie stellen beide für die Kommunikation der Prozessoren und die Parallelität der Prozesse Funktionsbibliotheken bereit. Dazu verfügen sie über die für den Transputer spezifische Struktur *channel*, mit der man die physikalischen Links des Prozessors ansprechen kann.

Die Kommunikation unter dem Par.C System wird durch eine Spracherweiterung des Kernighan & Ritchie C ermöglicht. Dabei orientieren sich die zusätzlichen Sprachelemente stark an den im Transputerassembler für Kommunikation und lokal parallele Verarbeitung vorgesehenen Befehlen. Somit wird die Kommunikation durch Macros direkt über die physikalischen Links realisiert. Das Par.C System stellt zur Programmlaufzeit Informationen über die physikalisch konfigurierte Topologie zur Verfügung. Dies ermöglicht dem Benutzer die Entwicklung von Software, die auf beliebigen Topologien ablauffähig ist.

Der Hauptanwendungsbereich von Transputersystemen in der Industrie als Prozeßrechner erfordert effektive und somit assemblernahe Codierung. Dabei dominiert die Anwendung der auf CSP basierten, ursprünglichen Programmiersprache des Transputers Occam. Diese verwendet im grunde die Assemblerbefehle des Transputers für die Kommunikation und lokale Parallelität auf den Prozessoren. Maschinenorientierte Sprachen sind jedoch gekennzeichnet durch einen hohen Aufwand bei der Implementierung sowie der fehlenden Möglichkeit, die erstellten Programme auf andere Prozessorarchitekturen zu portieren. Damit stellt Occam für die Anwendung im Bereich komplexer wissenschaftlicher Problemstellungen keine Alternative zu den genannten Programmiersprachen dar.

Von den genannten Standalone–Systemen verfügen lediglich ICC und Occam über einen Debugger. Keine der Arbeitsumgebungen stellt dem Benutzer ein Routingsystem zur Verfügung, das die Kommunikation zwischen beliebigen Knoten ermöglicht. Zumindest für Par.C sind in diesem Bereich jedoch Anwenderentwicklungen erfolgt, siehe etwa [Ba 91]. Trotz des Fehlens von wichtigen Entwicklungswerkzeugen ist ein zunehmendes Interesse für die Anwendung von Standalone–Systemen zu verzeichnen.

3 Leistungsmessung bei linearen Gleichungssystemen

Ein übliches Vorgehen beim Vergleich der Leistungsfähigkeit unterschiedlicher Rechnersysteme besteht im Lösen von Benchmark–Problemen. Dies hat den Vorteil, Rechner nicht allein anhand von Leistungsdaten des Herstellers zu vergleichen, die praktisch nie erreicht werden. Benchmarks sind notwendigerweise relativ einfache Anwendungen. Dennoch können sie, bei entsprechend vorsichtiger Interpretation der Resultate, einen guten Eindruck von der Leistung sowohl sequentieller als auch paralleler Rechner vermitteln.

3.1 Ein-Prozessor Resultate

Um die Leistung des Prozessors zu evaluieren, verwenden wir den Linpack-Benchmark, siehe [DM 79]. Dieser besteht darin, ein dicht besetztes, lineares Gleichungssystem der Dimension 100 zu lösen. Wegen seiner geringen Größe eignet sich dieses Problem nicht für die Parallelverarbeitung. Die hier untersuchte Version ist die in Linpack [DM 79] vorgestellte spaltenorientierte Implementierung für Fortran. Da hier sowohl Fortran als auch C Programmierumgebungen untersucht werden sollen, haben wir für C eine entsprechende zeilenorientierte Version erstellt. In beiden Versionen werden die auftretenden Vektoroperationen mit Blas Level 1 Routinen, siehe unten, realisiert. Alle im folgenden zitierten Ergebnisse sind mit doppelter Genauigkeit, i.e. 64 bit Arithmetik, erzielt worden.

Eine Implementierung dieses Problems unter ausschließlicher Verwendung von Quellcode, also auch für die Blas-Routinen, ergibt für die zur Verfügung stehenden Compiler die in der ersten Zeile von Tabelle 3.1 aufgelisteten Resultate. Es fällt auf, daß die Fortran Compiler deutlich schlechter abschneiden als Helios-C und insbesondere Par.C. Dabei ist zu berücksichtigen, daß unter Par.C die Plazierung ausführbaren Codes im on-chip Speicher eine deutliche Beschleunigung bewirkt. Die ohne Verwendung dieser Technik erzielten Resultate sind in Tabelle 3.1 in Klammern angegeben. Insbesondere entsprechen alle erzielten Resultate nicht der für diesen Prozessor erwarteten Leistung. Dies ist bemerkenswert, da die Implementierung der Dreieckszerlegung auf der Basis von Blas-Routinen sehr reguläre Strukturen aufweist. Damit stellt sie geringe Anforderungen an den Compiler. Dazu sei auch erwähnt, daß diese Compiler über keine Optionen für die Optimierung des erzeugten Codes verfügen. Besonders für rechenintensive Anwendungen ist dies ein deutlicher Nachteil aller verfügbaren Compiler.

Linpack	Topexpress Fortran 77	Meiko Fortran 77	Helios-C	Par.C
Blas-Quelle	0.34	0.40	0.47	0.50 (.45)
Blas-Asm	0.66	0.65	0.71	0.80 (.72)

Tabelle 3.1: Leistung für Linpack-Benchmark in MFlops (T800)

Eine Möglichkeit, die Leistung des Prozessors besser auszuschöpfen, besteht in der Verwendung optimierter Bibliotheken für regelmäßig auftretende Teilaufgaben. Aufgrund der relativ jungen Entwicklung von Rechnern mit verteiltem Speicher stehen umfangreiche numerische Standard–Bibliotheken, wie z.B. NAG oder IMSL, nicht zur Verfügung.

Für den Bereich der numerischen linearen Algebra bietet sich eine Alternative in der Verwendung optimierter Routinen für die effiziente Behandlung von Vektoroperationen. Diese Blas Level 1 Routinen, *Basic Linear Algebra Routines*, sind in [LH 79] definiert und erlauben eine klar strukturierte Formulierung von Algorithmen. Zusätzlich bieten sie die Möglichkeit, auf dem jeweiligen Prozessor optimierte Implementierungen zu realisieren. Unter Helios werden für die Fortran und C Compiler mittlerweile vom Hersteller optimierte Versionen zur Verfügung gestellt, siehe [L 90]. Leider gilt dies nicht für Par.C, das die bisher beste Leistung erzielt. Deshalb haben wir eine entsprechende Bibliothek für Blas Level 1 unter Par.C implementiert. Hierbei läßt sich insbesondere die Plazierung ausführbaren Codes im schnellen *on–chip* Speicher des Transputers mit Vorteil nutzen. Dadurch gelingt es, eine Leistungssteigerung von durchschnittlich 10% gegenüber den entsprechenden Leistungen unter Helios zu erzielen, siehe Tabelle 3.2 für detaillierte Resultate. Unter Verwendung der optimierten Blas–Routinen ergeben sich für den Linpack–Benchmark die Resultate der zweiten Zeile von Tabelle 3.1.

Blas 1	Helios–C & F77 T800	Par.C T800	Par.C T805
dasum	1.14	1.45	1.47
daxpy	0.95	0.98	1.16
dcopy	1.54	1.54	1.85
ddot	1.10	1.21	1.30
dnrm2	0.45	0.62	0.64
drot	0.78	0.96	1.07
dscal	0.62	0.66	0.78
dswap	0.65	0.66	0.77
idamax	0.88	1.16	1.16

Tabelle 3.2: Leistung für Blas Level 1 in MFlops

In diesem Zusammenhang sei bemerkt, daß Transputer auch eine effiziente Implementierung von Blas Level 2 und Level 3 Routinen für die Behandlung von Matrix–Vektor und Matrix–Matrix Operationen erlauben. Versuche für die Routinen Dgemv, i.e. Matrix-Vektor Produkt, und Dtrsl, i.e. Lösen linearer Gleichungssysteme für Dreiecksmatrizen, zeigen gegenüber den entspechenden Level 1 Routinen eine Steigerung der Leistung um weitere 10 – 20%. Siehe [B 92] für ausgewählte Resultate.

3.2 Multi-Prozessor Resultate

Nach der eingehenden Diskussion der Leistung eines einzelnen Prozessors wird im folgenden die Leistungsfähigkeit massiv paralleler Transputersysteme anhand der Lösung linearer Gleichungssysteme

$$Ax = b \tag{3.1}$$

für dicht besetzte Matrizen untersucht. Dabei gehen wir wiederum von der Linpack Implementierung [DM 79] aus. Dieser Algorithmus besteht aus zwei Schritten, der Dreieckszerlegung der Matrix mit partiellem Pivoting

$$PA = LU \tag{3.2}$$

und der Vorwärts- und Rückwärtssubstitution für die entstehenden unteren bzw. oberen Dreicksmatrizen, L bzw. U,

$$Ly = Pb, \qquad Ux = y. \tag{3.3}$$

Für die Zerlegung auf Parallelrechnern mit verteiltem Speicher eignen sich insbesondere Daten–Verteilungs–Algorithmen, i.e. parallele Implementierungen der ursprünglich sequentiellen Algorithmen auf verteilten Daten. Da ihre arithmetische Komplexität identisch mit denen der sequentiellen Verfahren ist, bedingt die Parallelisierung keine Erhöhung der Rechenarbeit.

Die spaltenweise Speicherung von Matrizen unter Fortran legt eine spaltenweise Verteilung der Matrix A auf einem Ring von p Prozessoren nahe. Eine lexikographische Aufteilung führt jedoch zu einem Algorithmus mit starker Ungleichverteilung der Rechenlast. Deshalb werden die Spalten zyklisch nach dem *wrap around* Prinzip unter den Prozessoren verteilt. Dies führt zu einem parallelen Algorithmus, bei dessen Ablauf die Prozessoren in zyklischer Folge die Eliminationsfaktoren der Zerlegung berechnen und diese an ihren rechten Nachbarn im

Ring senden. Dieser sendet seinerseits die Faktoren an seinen rechten Nachbarn und transformiert anschließend die eigenen Spalten. Dies wird solange fortgesetzt bis alle Prozessoren des Ringes diese Information erhalten und auf ihre Spalten angewandt haben. Für eine detaillierte Beschreibung siehe [BG 91].

Die verteilte Ausführung des Algorithmus bedingt Kommunikation zwischen den Prozessoren. Dies impliziert das Auftreten von Sychronisations- und Kommunikationszeiten und damit ein gewisses Maß an Overhead durch die Parallelisierung. Die zu erwartende Leistungssteigerung gegenüber sequentiellen Verfahren läßt sich grob durch die *Granularität* des Algorithmus, i.e. die Anzahl der arithmetischen Operationen pro Kommunikationsschritt, charakterisieren. Für die vollständige Dreieckszerlegung einer regulären Matrix der Dimension n hat jeder Prozessor

$$\frac{2n^3}{3p} \quad \text{arithmetische Operationen} \tag{3.4}$$

auszuführen. Damit ist die arithmetische Last nahezu optimal unter den p Prozessoren verteilt. Während der Zerlegung hat jeder Prozessor $n^2/2$ Matrixelemente in insgesamt

$$n \quad \text{Kommunikationsschritten} \tag{3.5}$$

zu empfangen und zu senden. Daraus ergibt sich für $p \ll n$, i.e. bei moderater Anzahl von Prozessoren, eine grobe Granularität für diesen Algorithmus. Wächst jedoch die Prozessoranzahl p bei festem n, so wird die Granularität entsprechend feiner. Dies impliziert ein Ansteigen des durch die Kommunikation bedingten Overheads.

Für die Lösung der entstehenden linearen Systeme (3.3) mit unteren bzw. oberen Dreiecksmatrizen, läßt sich bei analoger Verteilung der rechten Seite b ein entsprechender Algorithmus angeben. Wegen der hohen Rekursivität dieser Aufgabe erweist sich die effiziente Parallelisierung jedoch ungleich schwieriger als bei der Zerlegung. Der verwendete Algorithmus benutzt einen zyklisch im Ring der Prozessoren umlaufenden Vektor der Länge $p-1$, der lokale Informationen für die sukzessive Auflösung nach den Unbekannten aufsammelt, siehe [BG 91]. Bei der Durchführung dieses Algorithmus werden von jedem Prozessor

$$\frac{n^2}{p} \quad \text{arithmetische Operationen} \tag{3.6}$$

ausgeführt. Der hierbei notwendige Datenaustausch beläuft sich auf

$$n \quad \text{Kommunikationsschritte} \tag{3.7}$$

der Länge $p-1$. Verglichen mit der Zerlegungsphase ist das Verhältnis zwischen Arithmetik und Kommunikation deutlich ungünstiger, i.e. die Granularität ist deutlich feiner. Abhängig von der Größe n des Problems, der Anzahl p der Prozessoren und der Geschwindigkeit des Datentransfers kann die Zeit für die Kommunikation wesentlich höher liegen als die Zeit für die Rechnung. Da jedoch die arithmetische Komplexität der Auflösung von Dreieckssystemen um einen Faktor n langsamer ansteigt als die der Zerlegung, fällt dies bei großen Systemen kaum ins Gewicht.

Eine quantitative Beschreibung der durch Parallelisierung erzielten Leistungssteigerung wird beschrieben durch den *Speedup*

$$\hat{S}_p = \frac{\text{Rechenzeit auf einem Prozessor}}{\text{Rechenzeit auf } p \text{ Prozessoren}} . \tag{3.8}$$

Diese klassische Definition des Speedup setzt eine feste Größe des zu lösenden Problems voraus. Für wachsende Prozessoranzahlen bedingt dies eine Verfeinerung der Granularität und damit eine Reduktion des erzielbaren Speedup. Da die Erhöhung der Prozessoranzahl einer Steigerung der Rechen- und Speicherkapazität entspricht, erscheint es für viele Anwendungen sinnvoll, die Größe der zu lösenden Probleme entsprechend zu skalieren. Diese Sichtweise der Parallelverarbeitung hat zur Einführung modifizierter Größen für die Leistungsbewertung von Parallelrechnern geführt. Eine eingehende Diskussion der verschiedenen Bewertungskriterien findet sich in [SG 91]. Insbesondere erscheint die Definition des *verallgemeinerten Speedup* durch

$$S_p = \frac{\text{Rechenleistung auf } p \text{ Prozessoren}}{\text{Rechenleistung auf einem Prozessor}} \tag{3.9}$$

eine sinnvolle Ergänzung zu (3.8) darzustellen. Hierbei wird die Rechenleistung als Quotient arithmetischer Operationen für die Bearbeitung eines Problems und der dafür notwendigen Rechenzeit verstanden. Damit wird die Beschleunigung durch Parallelverarbeitung für die Lösung großer Probleme auf p Prozessoren mit der Lösung von Problemen moderater Größe auf einem Prozessor vergleichbar. Setzt man die Bearbeitung eines Problems konstanter Größe auf einem bzw. p Prozessoren in Relation, so reduziert sich der verallgemeinerte Speedup auf die klassische Definition. Deshalb werden wir im folgenden vom verallgemeinerten Speedup ausgehen. Hiermit läßt sich die ***parallele Effizienz***

$$E_p = \frac{S_p}{p} \tag{3.10}$$

als ein Maß für das Ausschöpfen der eingesetzten Rechenkapazität einführen. Schließlich ist zu bemerken, daß bei der Interpretation des Speedup und der parallelen Effizienz Vorsicht geboten ist. Programme, deren arithmetische Komponenten ineffizient implementiert sind, erscheinen unter dem Gesichtspunkt der Parallelisierung oft besser als optimierte Codes, vgl. [SG 91]. Ziel der Parallelverarbeitung sollte jedoch eine Reduktion der Zeiten für die Lösung vorgegebener Probleme und nicht die Maximierung von Speedup und paralleler Effizienz sein.

Auf der Basis dieser allgemeinen Überlegungen werden wir die Resultate umfangreicher Tests auf Transputersystemen aus der Arbeit [BG 91] diskutieren. Diese Untersuchungen wurden mit dem Topexpress Fortran 77 Compiler (TXF77) unter Verwendung von POSIX-Kommunikation durchgeführt. Tabelle 3.3 listet die Leistungsdaten bei fester Problemgröße n und variabler Anzahl p von Prozessoren. Die Ergebnisse zeigen, daß für wachsendes p die parallele Effizienz relativ deutlich abfällt. Der Grund hierfür liegt in der Reduktion der Granularität des Problemes. Hierbei fallen die hohen Startup-Zeiten für POSIX-Kommunikation zunehmend stärker ins Gewicht.

$n = 4200$	$p = 40$	$p = 60$	$p = 80$	$p = 100$	$p = 120$
MFlops	28.6	37.9	45.7	50.0	66.0
E_p	0.84	0.75	0.68	0.60	0.55

Tabelle 3.3: Leistungsdaten bei variabler Granularität (TXF77, T800)

Tabelle 3.4 listet die Ergebnisse von Tests bei voller Auslastung der verteilten Speicher von jeweils 4 MByte. Der Vergleich mit Tabelle 3.3 zeigt für höhere Prozessoranzahlen substantiell bessere Effizienzen. Dies läßt sich wiederum mit der gröberen Granularität im zweiten Fall erklären. Unter Helios mit POSIX-Kommunikation sind somit Algorithmen bzw. Probleme mit hinreichend grober Granularität für ein effizientes Arbeiten notwendig.

p n	40 4200	60 5000	80 5800	100 6100	120 7200
MFlops E_p	28.6 0.84	40.3 0.80	52.3 0.78	62.1 0.74	72.4 0.71

Tabelle 3.4: Leistungsdaten bei maximaler Granularität (TXF77, T800)

Die Implementierung des oben beschriebenen Gleichungslösers unter Par.C ist in [K 92] untersucht worden. Sie basiert auf einer, an die Programmiersprache C angepaßten, zeilenweisen Verteilung der Daten. Die dieser Arbeit zugrundeliegende Problemstellung (Randelementmethoden für mechanische Systeme) führt typischerweise auf vollbesetzte Gleichungssysteme moderater Dimension. Für die Parallelverarbeitung ist es deshalb von Interesse, solche Systeme mit einer mittleren Anzahl von Prozessoren möglichst effizient zu lösen. Resultate von Untersuchungen mit 16 Prozessoren sind in Tabelle 3.5 zusammengestellt.

$p = 16$	$n = 400$	$n = 800$	$n = 1200$	$n = 2000$	$n = 4000$
MFlops E_p	7.8 0.43	13.7 0.76	15.0 0.83	16.0 0.89	16.6 0.92

Tabelle 3.5: Leistungsdaten bei variabler Dimension (Par.C, T805)

Zur Interpretation der Ergebnisse sei erwähnt, daß T805 Prozessoren etwa 15% schneller sind als T800 Prozessoren. Bemerkenswert ist, daß der Algorithmus selbst im Fall sehr feiner Granularität, i.e. $n = 400$, eine vertretbare Effizienz aufweist. Der Grund hierfür liegt in der wesentlich geringeren Aufsetzzeit für die Kommunikation unter Par.C und der Verwendung der von uns entwickelten Blas-Bibliothek.

Zusammenfassend lassen sich die Erfahrungen und Resultate bei der Lösung großer linearer Gleichungssysteme folgendermaßen bewerten. Um hohe Effizienz bei der Verwendung von POSIX-Kommunikation zu erreichen, ist man gezwungen, grobgranulare Algorithmen bzw. Problemstellungen zu verwenden. Dieses Vorgehen wird nicht durch die Hardware, sondern durch die Betriebssystem-Software bedingt. Eine Alternative bietet die Verwendung von *dumb link* Kommunikation, siehe [BG 92]. Dadurch verliert man jedoch einen Großteil der Funktionalität von Helios. Die Verwendung von Par.C zeigt ihre Vorteile insbesondere für die Behandlung feiner Granularität. Der Aufwand für die Implementierung ist jedoch wegen des Fehlens eines Routingsystems etwas höher.

4 Slalom–Benchmark

Im November 1990 wurde von J. Gustafson et. al. [GR 90] ein neuer, skalierbarer Supercomputer–Benchmark vorgestellt. Die Grundidee dieses Leistungstests besteht darin, daß nicht mehr, wie etwa beim Linpack–Benchmark, die Zeit für die Lösung eines Problems definierter Größe gemessen wird (*fixed size benchmarking*), sondern die bei fester Zeit erreichbare Problemgröße zum Vergleich herangezogen wird (*fixed time benchmarking*).

Dem Slalom–Benchmark liegt ein reelles Problem zugrunde: die Verwendung von Strahlungstransfer zur Erzeugung realistischer Bilder diffuser Oberflächen, siehe [GT 84]. Das Benchmark–Programm berechnet die Gleichgewichtsstrahlung in einem Quader mit diffus eingefärbten Seitenflächen. Dazu werden die Flächen in Teilgebiete, i.e. *Patches*, aufgeteilt und drei Gleichungssysteme aufgestellt, die die Beziehungen der Patches untereinander beschreiben. Diese dicht besetzten, linearen Gleichungssysteme werden für die Spektralkomponenten Rot, Grün und Blau gelöst. Das Einlesen der Quadergeometrie, der Reflektions– und der Emmissionskonstanten, das Aufstellen der Gleichungssysteme sowie deren Lösung und die Ausgabe der Ergebnisse in eine Datei sind Bestandteile des Benchmarks. Im Gegensatz zu den meisten verwendeten Benchmarks bezieht der Slalom–Benchmark die Lösung einer gesamten Aufgabenstellung in die Bewertung von Rechnersystemen mit ein. Insbesondere wird neben der reinen Rechenleistung auch die Ein- und Ausgabe der Problemdaten bewertet. Dabei werden neben der Einhaltung der Gesamtzeit von einer Minute, der Beibehaltung der Ein– und Ausgabe und der Stimmigkeitsüberprüfungen während des Programmlaufes keine Forderungen an Programmiersprachen bzw. Einschränkungen an die Optimierung gestellt. Insbesondere sind Änderungen der verwendeten Lösungsalgorithmen nicht ausgeschlossen. Mittlerweile existieren drei Versionen des Slalom–Benchmarks.

Zur Leistungsbestimmung dient die innerhalb der Zeitschranke maximal erreichte Anzahl N der Patches. Die berechnete Leistung in MFlops basiert auf einer Gewichtung der einzelnen *floating point* Operationen. Diese stellen, auf der Basis des ursprünglich verwendeten Algorithmus, einen Vergleichswert für die Leistung verschiedener Rechnersysteme dar. Für die Berechnung von Speedup und paralleler Effizienz wird Definition (3.9) hergezogen. Hierbei wird jedoch die Rechenzeit festgehalten und die Problemgröße N entprechend der vorgegebenen Laufzeit skaliert.

4.1 Ein-Prozessor Leistung

Um einen Eindruck von der Leistungsfähigkeit der verschiedenen Compiler für dieses Problem zu vermitteln, werden zunächst die vom Ames Laboratory zur Verfügung gestellten C- und Fortran-Programme ohne Optimierung untersucht. Dabei ergeben sich unter Helios die in Tabelle 4.1 dargestellten Resultate. Vergleichswerte für den Cogent XTM Compiler sind hierbei aus [GR 90] entnommen.

Slalom	Topexpress Fortran 77	Meiko Fortran 77	Helios-C	Cogent XTM Fortran 77
Patches	173	186	205	149
MFlops	.166	.198	.252	.133

Tabelle 4.1: Slalom-Benchmark (Helios, T800)

Die Tabelle 4.1 zeigt auch hier ein schwächeres Abschneiden für die Fortran Compiler. Daher werden im folgenden ausschließlich C-Implementierungen betrachtet. Wir beschränken uns dabei auf die Arbeitsumgebungen Helios-C, den Logical Systems Compiler LSC und Par.C. Insbesondere wird versucht, höhere Leistung durch die Verwendung vorhandener Bibliotheken und algorithmische Verbesserungen zu erreichen. Zunächst werden alle Vektoroperationen durch entsprechende Blas Level 1 Routinen ersetzt. Unter Helios steht daneben die Topexpress Vector Library [TX 89] zur Verfügung. Entsprechende Rechenkerne für die Standalone-Systeme LSC und Par.C wurden selbst in Assembler codiert, vgl. Abschnitt 3.1. Schließlich lassen sich die innersten Schleifen der Setup-Routinen durch die Verwendung von *loop unrolling* beschleunigen.

Eine Untersuchung der modifizierten Implementierung zeigt, daß für alle drei Compiler die Lösung der linearen Gleichungssysteme, welche einen erheblichen Anteil der Laufzeit benötigt, relativ niedrige Leistung zeigt. Dies läßt sich durch die Modifikation des verwendeten Algorithmus beheben. Die ursprüngliche Implementierung verwendet eine rationale Cholesky–Zerlegung,

$$A = LDL^T, \tag{4.1}$$

zur Lösung der dicht besetzten linearen Gleichungssysteme. Das impliziert die Berechnung gewichteter Skalarprodukte in der innersten Schleife. Eine Beschleunigung dieser Vektoroperationen ist nicht ohne weiteres möglich. Verwendet man jedoch eine Cholesky–Zerlegung,

$$A = LL^T, \tag{4.2}$$

so sind in der innersten Schleife gewöhnliche Skalarprodukte zu berechnen. Dies läßt sich äußerst effizient bewerkstelligen, siehe Tabelle 3.2, und führt zu einer deutlichen Beschleunigung der Programme. Insbesondere für Par.C erreicht der Gleichungslöser die für den T800 maximal zu erwartende Geschwindigkeit bei doppelter Genauigkeit, siehe Tabelle 4.2.

Slalom	Helios–C		LSC		Par.C	
Patches	294		272		322	
Routine	Sek	MFlops	Sek	MFlops	Sek	MFlops
Reader	.039	.006	6.294	.00004	.033	.007
Region	.005	.159	.003	.243	.004	.213
SetUp1	8.909	.448	7.474	.464	7.773	.618
SetUp2	23.092	.451	19.624	.462	20.164	.619
SetUp3	.122	.607	.178	.362	.083	1.062
Solver	25.302	.925	20.537	.925	28.841	1.063
Storer	2.295	.006	5.696	.002	2.706	.006
Gesamt	59.764	.635	59.806	.528	59.605	.806

Tabelle 4.2: Slalom–Benchmark (T800)

Für den Helios–C und LSC Compiler tritt zusätzlich eine Besonderheit auf. In den Setup–Routinen werden die beiden trigonometrischen Funktionen log und arctan extrem oft ausgewertet. Das Laufzeitverhalten dieser Bibliotheksfunktionen ist jedoch relativ schlecht. Eine Gegenüberstellung zeigt, daß die

Par.C Funktionen etwa einen Faktor 3 (!) schneller sind als die unter Helios–C. Für den Benchmark sind letztere, unter Einhaltung der IEEE-Arithmetik, gegen eigene, schnellere Implementierungen ausgetauscht. Schließlich sind in der Helios–Implementierung Aufrufe der Quadratwurzeln sqrt durch *inline–code* ersetzt.

Tabelle 4.2 gibt eine detaillierte Zusammenstellung der für den optimierten Slalom–Benchmark erzielten Resultate. Dabei bezeichnet *Reader* bzw. *Region* das Einlesen und Auswerten der Quadergeometrie. *SetUp* 1, 2, 3 und *Solver* stehen für das Aufstellen und Lösen der Gleichungssysteme. *Storer* bezeichnet das Abspeichern der Lösung. Die Ergebnisse zeigen, daß der Aufbau und das Lösen die Anteile mit den höchsten Komplexitäten darstellen und damit durch Optimierung das Laufzeitverhalten am stärksten beeinflussen. Ein Vergleich der verschiedenen Compiler verdeutlicht klare Leistungsvorteile für das Par.C System. Insbesondere fällt die exzellente Implementierung der mathematischen Funktionen in Par.C auf. Schließlich ist das schnellere I/O-Verhalten von Par.C und Helios–C und gegenüber dem LSC–Compiler anzumerken.

4.2 Multi-Prozessor Leistung

Slalom Version 1: Parallele Implementierungen der ersten Slalom–Version wurden unter den Arbeitsumgebungen Helios–C und Par.C untersucht. Hierfür bedarf es vor allem einer effizienten Parallelisierung der Aufstellung und Lösung der entsprechenden linearen Gleichungssysteme. Dies läßt sich durch zyklisches Verteilen der Zeilen der Matrix auf einen Ring von Prozessoren erreichen. Das Aufstellen der Gleichungen kann, nach dem Verteilen globaler Informationen, vollständig parallel durchgeführt werden. Die Parallelisierung der Cholesky-Zerlegung und die Vorwärtssubstitution, $Ly = b$, lassen sich ähnlich wie in Abschnitt 3.2 diskutiert implementieren. Für die Rückwärtssubstitution $L^T x = y$ bedarf es eines modifizierten Vorgehens. Eine detaillierte Beschreibung des resultierenden Algorithmus unter Fortran findet sich in [B 91].

Die Dimension der zu lösenden Gleichungssysteme ist identisch mit der Anzahl der Patches N. Da diese nur relativ moderate Größen erreichen, ergibt sich für die Parallelisierung ein Problem mit feiner Granularität. Insbesondere für Helios–C verbietet sich damit die Verwendung von POSIX-Kommunikation aufgrund der hohen Aufsetzzeiten. Um bessere parallele Effizienz zu erreichen, wird deshalb *dumb link* Kommunikation benutzt. Par.C bietet hier günstigere

Voraussetzungen. Neben der schnellen Kommunikation erlaubt die Verwendung von *par*-Befehlen eine teilweise Überlagerung von Rechnung und Kommunikation bzw. der Ausgabe von Resultaten.

Slalom V.1		$p=3$	$p=6$	$p=12$	$p=24$	$p=32$	$p=48$
Helios–C	Patches	385	492	612	711	748	803
	MFlops	1.28	2.50	4.63	6.85	7.88	9.63
	E_p	.67	.66	.61	.45	.38	.32
Par.C	Patches	452	572	710	833	882	949
	MFlops	1.97	3.79	6.81	10.66	12.55	15.41
	E_p	.81	.78	.70	.55	.48	.40

Tabelle 4.3: Paralleler Slalom–Benchmark (T800)

Die mit dieser Parallelisierungsstrategie erreichten Patchanzahlen, Leistungen und parallelen Effizenzen sind in Tabelle 4.3 zusammengestellt. Zunächst erkennt man deutlich, daß die hohe Kommunikationslast und die feine Granularität für wachsende Prozessorzahl ein deutliches Abfallen der Effizienz zur Folge haben. Bemerkenswert ist, daß Par.C gleichmäßig höhere Effizienzen als Helios–C zeigt. Der relative Unterschied bleibt jedoch über die getestete Prozessorenzahl konstant. Hieraus kann geschlossen werden, daß beide Systeme für wachsende Prozessoranzahlen ein ähnliches Skalierungsverhalten aufweisen.

Slalom Version 2: Für wachsende Anzahl N von Patches wird die Komplexität der ersten Slalom–Version durch die Komplexität der direkten Lösung der Gleichungssysteme durch das Cholesky Verfahren dominiert. Bjorstad [BB 91] hat gezeigt, daß die auftretenden Gleichungssysteme durch die Verwendung des Verfahrens der konjugierten Gradienten (CG) mit einfacher Vorkonditionierung wesentlich effizienter zu lösen sind. Dieses Verfahren benötigt ausschließlich die Auswertung von Matrix–Vektor Produkten. Hierfür ist ein explizites Aufstellen der Systemmatrizen nicht notwendig. Eine modifizierte Aufteilung der Quaderflächen in Patches und Ausnutzung von Symmetrien erlaubt die Auswertung mit Hilfe eines Vertretersystems von Matrixeinträgen. Dadurch reduziert sich der Speicherplatzbedarf von N^2 auf $\mathcal{O}(N^{3/2})$. Das erscheint für viele Parallelrechner wichtig, da deren Speicherkapazität für eine volle Speicherung der Matrix nicht ausreicht, siehe [BB 91]. Diese Änderungen des ursprünglichen Benchmarks definieren die zweite Version von Slalom [GR 90].

Die effiziente Implementierung dieser zweiten Version von Slalom unter Par.C wird im folgenden untersucht. Hierfür bietet sich zunächst die Verwendung von Blas–Routinen, *loop unrolling* und eine Überlagerung von Rechnung und Kommunikation bzw. Ausgabe von Resultaten entsprechend der ersten Version an. Die zweite Spalte von Tabelle 4.4 (Version 2.s) zeigt die hieraus resultierenden Ergebnisse auf einem Prozessor. Die Speicherung des Vertretersystems für die Matrixeinträge erfolgt in einer dreidimensionalen Matrix. Da der Transputer lediglich über drei Register verfügt, ist eine schnelle Auswertung der Matrix–Vektor Produkte kaum möglich. Deshalb wurde eine Variante des Programms mit explizitem Aufbau und Speicherung der vollen Systemmatrix erstellt. Die dritte Spalte von Tabelle 4.4 (Version 2.m) listet die entsprechenden Resultate. Anzumerken ist, daß für diese Variante eine Speicherkapazität von 8 MByte notwendig ist. Zum Vergleich mit der zweiten Version des Slalom–Benchmark sind auch die entsprechenden Werte für Version 1 aufgeführt. Zu beachten ist, daß diese auf einem T800 Prozessor erzielt wurden. Dennoch erkennt man deutlich die höhere Effektivität der iterativen Lösung der Gleichungssysteme. Schließlich gibt die Tabelle die prozentuale Verteilung der Rechenzeit für die verschiedenen Teilaufgaben des Benchmarks wieder. Daraus ersieht man, daß die Zeiten für die Ausgabe der Resultate (Subroutine Storer) mit wachsender Problemgröße überproportional ansteigen. Es steht zu erwarten, daß hierbei für Anwendungen mit hohen I/O-Anforderungen Schwierigkeiten auftreten.

Slalom	Version 1 T800	Version 2.s T805	Version 2.m T805
Patches	322	650	912
MFlops	.81	.52	1.01
Routine	% der Zeit	% der Zeit	% der Zeit
Reader	.05	.05	.05
Region	.01	.05	.05
SetUp1	13.04	.62	.90
SetUp2	33.83	4.33	7.17
SetUp3	.14	3.46	5.62
Solver	48.39	83.85	75.47
Storer	4.54	7.66	10.74

Tabelle 4.4: Slalom–Benchmark, sequentielle Versionen (Par.C)

Für die Parallelisierung der zweiten Slalom Version bedarf es insbesondere einer effizienten Implementierung des CG-Verfahrens. Dies wird durch einen Daten-Verteilungs-Algorithmus erreicht. Hierzu werden die voll besetzten Systemmatrizen in p Blockzeilen auf p Prozessoren verteilt. Die notwendigen Vektoren werden entsprechend in p Teile partitioniert und verteilt. Für die Auswertung der Matrix-Vektor Produkte ist globale Kommunikation nötig, i.e. die verteilt vorliegenden Vektoren müssen jedem Prozessor vollständig bekannt gemacht werden. Weiter erfordert das CG-Verfahren die Berechnung von Skalarprodukten verteilt vorliegender Vektoren. Da die Resultate allen Prozessoren mitgeteilt werden müssen, ist auch hier globale Kommunikation notwendig. Deshalb empfiehlt sich die Vernetzung der Prozessoren in einer Topologie mit möglichst minimalem Durchmesser. Für Transputersysteme haben wir einen trinären Baum implementiert.

Die Ein- und Ausgabe wurde wegen der nicht befriedigenden Leistung des Standard-I/O-Servers auf den Hostrechner (Sun 4/330) ausgelagert. Die Ergebnisse des Programms werden nun als ein Paket an den erweiterten I/O-Server gesendet, was eine Reduzierung der Ausgabezeiten um ca. 75% mit sich bringt. Bezieht man diese Erweiterung rechnerisch auf die sequentielle Version (in der dies nicht implementiert wurde), so ergibt sich hierfür eine Rechenleistung von 1.10 MFlops. Damit lassen sich die in Tabelle 4.5 gegebenen Effizienzwerte berechnen.

Slalom V.2m	$p = 3$	$p = 6$	$p = 12$	$p = 24$	$p = 32$
Patches	1638	2304	3166	4136	4578
MFlops	3.25	6.26	11.80	21.22	25.96
E_p	.98	.95	.89	.80	.74

Tabelle 4.5: Paralleler Slalom-Benchmark Version 2 (Par.C, T805)

Der Vergleich dieser Resulate mit Tabelle 4.3 zeigt zunächst eine deutliche Steigerung der erreichten Problemgröße. Hieran zeigt sich deutlich, daß auch im Bereich der parallelen Datenverarbeitung die Wahl eines effektiven Ausgangsalgorithmus von extrem hoher Bedeutung ist. Weiter fällt die Effizenz deutlich langsamer ab. Dies bedeutet, daß eine noch höhere Anzahl von Prozessoren effizient für die Lösung des Benchmark-Problems eingesetzt werden könnte. Allerdings scheitert dies an der unzureichenden Ausrüstung der Prozessoren mit nur 4 MByte Speicher.

Slalom Version 3: Inzwischen ist eine dritte Slalom–Version publiziert. Diese enthält weitere Verfeinerungen im algorithmischen Bereich. Insbesondere wird die Komplexität und der Speicherplatzbedarf für die linearen Gleichungssysteme weiter reduziert. Dies hat jedoch keinen Einfluß auf die hier untersuchten Fragestellungen für Transputersysteme.

Zusammenfassend läßt sich sagen, daß der Slalom–Benchmark die Vor- und Nachteile der verschiedenen Arbeitsumgebungen auf Transputersystemen klar aufzeigt. Die unter Helios verfügbaren Fortran und C Compiler zeigen Schwächen in der Effizienz des von ihnen erzeugten Maschinencodes. Die Verwendung von POSIX-Kommunikation verhindert wegen ihrer hohen Startup–Zeit die effiziente Implementierung von Algorithmen mit feiner Granularität. Standalone–Umgebungen zeigen eine zum Teil deutlich höhere Effizienz sowohl im Bezug auf Arithmetikleistung als auch Kommunikationsgeschwindigkeit. Bei allen Systemen sind für Applikationen mit hohen I/O Anforderungen Probleme mit der Host-Kommunikation zu erwarten.

5 Neue Entwicklungen

Die Firma Parsytec hat inzwischen eine neue Transputer–Entwicklungsumgebung vorgelegt: **Par**allel Extensions to **Unix** - Parix, siehe [PX 91]. Die Umgebung gehört in die Klasse der Standalone–Compiler, verfolgt jedoch ein umfassenderes Konzept als die oben beschriebenen Vertreter dieser Kategorie. Zum Umfang von Parix sollen professionelle und optimierende Compiler, ein paralleler Debugger, ein Performance Analyser, Administrations–Software, optimierte Blas–Bibliotheken, die Kommunikationsstandards PARMACS und CDL sowie eine X–Windows Schnittstelle gehören. Somit werden alle notwendigen Komponenten der Softwareentwicklung sowie Quasistandards im Bereich der massiv parallelen Datenverarbeitung in einer Entwicklungsumgebung vorhanden sein.

Der wichtigste Aspekt dieser Neuentwicklung ist jedoch das Konzept der Prozessorkommunikation, welches sich an den Eigenschaften der angekündigten neuen Transputergeneration T9000, siehe [In 91], orientiert. Wie bei Helios löst sich das Programmierparadigma von der physikalischen Konfiguration der zugrundeliegenden Hardware. Die Entwicklungsumgebung Parix stellt dem Benutzer virtuelle Kommunikationsverbindungen und –topologien zur Verfügung. Die Ausführung der Kommunikation wird dem internen Parix–Router überlassen, der entweder in Software (T800–Parix) oder in Hardware (T9000–Parix mit dem angekündigtem C104–Routingchip) realisiert wird.

Diese Entwicklung, die die Portierbarkeit von Software wieder mehr in den Vordergrund stellt, ist aus der Sicht der Benutzer massiv paralleler Rechner sehr zu begrüßen. Wenngleich Parix nun in der ersten Version verfügbar ist, kann von unserer Seite keine weitere Bewertung dieser Entwicklungsumgebung erfolgen. Es liegen zwar erste Erfahrungen mit Parix vor, doch muß man die vollständige Lieferung aller Komponenten, insbesondere der endgültigen, optimierenden Compilerversionen, abwarten.

Literatur

[B 91] G. Bader, *Erfahrung mit Transputersystemen im Bereich des wissenschaftlichen Rechnens*, in: H.W. Meuer, Ed., Proceedings of Supercomputer'91, Informatik Fachberichte 278, Springer 1991

[B 92] G. Bader, *Arbeitsumgebung und Leistung von Transputersystemen*, Gamm Workshop: Implementierung paralleler Algorithmen auf Transputersystemen, Chemnitz/Stollberg, 1992

[BG 91] G. Bader, E. Gehrke, *On the Performance of Transputer Networks for Solving Linear Systems of Equations*, Parallel Computing, Vol. 17, pp 1397-1407, 1991

[BG 92] G. Bader, E. Gehrke, *Solution of Flame Sheet Models on Transputer Systems*, Techn. Report, IWR University of Heidelberg, 1992

[Ba 91] P. Bastian, *VChannel: Fast Routing Software for the Par.C System*, Techn. Report, IWR University of Heidelberg, 1991

[BB 91] P.E. Bjorstad, E. Boman, *SLALOM: A Better Algorithm*, Supercomputing Review, Nov. 1991

[D 91] T. Davies, *The Helios Parallel Operating System*, Prentice Hall 1991

[DM 79] J.J. Dongarra, C.B. Moler, J.R. Bunch and G.W. Stewart, *LINPACK Users Guide*, SIAM Publication 78-78206, 1979

[D 88] J.J. Dongarra, *Performance of Various Computers Using Standard Linear Equations Software in a Fortran Environment*, Argonne National Laboratory, Techn. Memorandum No. 23, Feb. 2, 1988

[GT 84] C.M. Goral, K.E. Torrance, D.P. Greenberg, B. Battaille, *Modelling the Interaction of Light Between Diffuse Surfaces*, Computer Graphics, Vol. 18, No. 3, July 1984

[GR 90] J. Gustafson, D. Rover, S.Elbert, M. Carter, *SLALOM: The First Scalable Supercomputer Benchmark*, Supercomputing Review, Nov. 1990

[GR 90] J. Gustafson, D. Rover, S.Elbert, M. Carter, *SLALOM: Surviving Adolescense*, Supercomputing Review, Dec. 1991

[H 78] C.A.R Hoare, *Communicating sequential processes*, Commun. ACM, 21(8), 666 - 677, 1978

[H 85] C.A.R Hoare, *Communicating Sequential Processes*, Prentice Hall 1985

[In 88] Inmos, *OCCAM 2 Reference Manual*, Prentice Hall 1988

[In 90] Inmos, *ANSI C Toolset User Manual*, Inmos 1990

[In 91] Inmos, *The T9000 Transputer Products Overview Manual*, Inmos 1991

[JG 88] G. Jones, M. Goldsmith, *Programming in OCCAM 2*, Prentice Hall 1988

[K 92] O. Klaas, *Entwicklung und Implementierung eines parallelen Gleichungslösers in Par.C*, Studienarbeit im Fach Höhere Mechanik, Universität Hannover, 1992

[Kü 90] F.D. Kübler, *Architektur und Anwendungsprofil der SuperCluster-Serie hochparalleler Transputerrechner*, in: H. W. Meuer, Ed., Proceedings of Supercomputer'90, Springer 1990.

[LH 79] C. Lawson, R. Hansen, D. Kincaid and F. Krough, *Basic linear algebra subprograms for FORTRAN usage*, ACM Trans. Math. Software 5, 308-1371, 1979

[LS 89] Logical Systems, *Logical Systems C–Compiler*, Logical Systems 1989

[L 90] F. Lücking, *Efficient BLAS level 1 Library for Transputers*, Parsytec 1990

[M 89] Meiko, Topexpress, Perihelion, *Meiko FORTRAN 77 Manual*, Distributed Software 1989

[PC 90] Parsec, *Par.C System*, Parsec 1990

[PX 91] Parsytec, *PARIX Software Documentation*, Parsytec 1992

[PH 90] Perihelion, *Helios C Manual*, Perihelion 1990

[SG 91] X.-H. Sun, J.L. Gustafson, *Toward a better parallel performance metric*, Parallel Computing, Vol. 17, pp 1093-1109, 1991

[TX 91] Topexpress, Parsytec, *Helios Transputer FORTRAN 77* , Parsytec 1991

[TX 89] Topexpress, *Vector Library, Reference Manual*, Topexpress 1989

Paralleles Ray-Tracing

Norbert Quien

Interdisziplinäres Zentrum für Wissenschaftliches Rechnen (IWR),
Universität Heidelberg, Im Neuenheimer Feld 368, D-6900 Heidelberg

Zusammenfassung

In dieser Arbeit wird ein paralleles Ray-Tracing System beschrieben, das in der Arbeitsgruppe für Geometrische Datenverarbeitung und Computergrafik am IWR von Markus Herrmann, Joachim Simon und dem Autor entwickelt wurde. Es ist in der Sprache Par.C implementiert und wird auf dem Transputer-SuperCluster des IWR eingesetzt. Eine Anwendung in der Visualisierung gotischer Architekturformen wird vorgestellt.

1 Einführung

Die Computergrafik hat im letzten Jahrzehnt einen rapiden Aufschwung erlebt und sich als eigenständiger Zweig der Computerwissenschaften etabliert. Die Gründe für diese Entwicklung sind vielfältig: Einerseits ist es gelungen, die Leistungsfähigkeit der Mikroprozessoren enorm in die Höhe zu treiben, und es wird immer mehr Speicherplatz auf gleichem Raum zu immer günstigeren Preisen angeboten. Andererseits sind die Ansprüche der Anwender immer weiter gestiegen und haben die Computerhersteller zu großen Anstrengungen gezwungen.

Die Computergrafik ist ein Forschungsgebiet, das eine hohe Eigendynamik besitzt und vor allem durch die Bedürfnisse der Disziplinen, die sie anwenden, geprägt ist. Da der Mensch bei der Aufnahme von Information vorwiegend visuell orientiert ist, stellt sie ein adäquates Mittel dar, um komplexe Zusammenhänge schnell und übersichtlich zu präsentieren. Sie dient in der Forschung dazu, Ergebnisse aus vielen Bereichen der Wissenschaft zu visualisieren und erlaubt es auch, dynamische Vorgänge in Form von Filmen zu speichern.

dazu, Ergebnisse aus vielen Bereichen der Wissenschaft zu visualisieren und erlaubt es auch, dynamische Vorgänge in Form von Filmen zu speichern.

Andererseits ist die Computergrafik natürlich auch durch kommerzielle Zielsetzungen so schnell vorangetrieben worden. Als wesentlicher Bestandteil des Computer Aided Design (CAD) ist sie beispielsweise aus den Bereichen Maschinen- und Automobilbau oder Architektur zur rationellen Erstellung von Konstruktionszeichnungen und farbigen räumlichen Ansichten nicht mehr wegzudenken.

Die Visualisierungstechniken kann man zur Zeit etwa in drei große Bereiche einteilen: Tiefenpuffer, Ray-Tracing und Radiosity ([F]). Jede Methode hat ihre Vor- und Nachteile und es existieren Ansätze, verschiedene Methoden zu kombinieren.

2 Grundtechniken der Computergrafik

Einen Tiefenpuffer-Algorithmus kann man sich so vorstellen, daß man durch die Pixel des Computerbildschirmes, in denen Objekte gezeichnet werden sollen, in die Szene "hineinsieht", die Schnittpunkte dieser Sehstrahlen mit den Objekten berechnet und die zum Beobachter am nächsten liegenden Schnittpunkte auf dem Bildschirm als farbigen Pixel darstellt. Es existieren viele Beleuchtungsmodelle, die die Farbe eines Pixels mit Hilfe des Normalenvektors der Fläche und den Richtungen zu den Lichtquellen und zum Beobachterstandpunkt errechnen. Die gebräuchlichsten sind wohl das Gouraud- und das Phong-Shading. In beiden wird als wesentlichster Faktor der Cosinus des Winkels zwischen Lichtquelle und Normalenvektor des Objektes berücksichtigt, wobei das Phong-Shading eine genauere Interplolation der Farbwerte erreicht. Der Vorteil des Tiefenpuffer-Prinzips besteht in der hohen Geschwindigkeit, mit dem er mit Hilfe moderner Hardware ausgeführt werden kann. So besitzen Grafikworkstations spezielle Grafik-Prozessoren, in denen die Tiefenabfrage hardwaremäßig implementiert ist. Der Nachteil ist, daß die Bildqaulität immer noch ein großes Stück von Fotorealismus entfernt ist.

Die zweite Technik ist das Ray-Tracing Verfahren. Es liefert schon sehr realistische Bilder einer Szene, wobei Schattenwurf, Lichtbrechung in Gläsern und Reflektion an spiegelnden Oberflächen berücksichtigt werden. Die Grundidee des Verfahrens ist relativ einfach: Um festzustellen, welche Objektteile einer Szene für den Betrachter von seiner momentanen Position aus sichtbar sind und wie diese beleuchtet werden, wendet man folgenden Trick an: Man verfolgt nicht etwa von den Lichtquellen ausgehende Strahlen, wie der Name Ray-Tracing vielleicht suggeriert (dies sind viel zu viele), sondern man schickt vom Beobachter aus Sehstrahlen in die Szene und berechnet deren Verlauf. Wie beim Tiefenpuffer steht der Beobachter sozusagen vor dem Bildschirm und schickt durch jeden Pixel einen Strahl, der eventuell auf Objekte trifft, um dann exakt weiterverfolgt zu werden, um Reflektionen und Brechungen zu berücksichtigen.

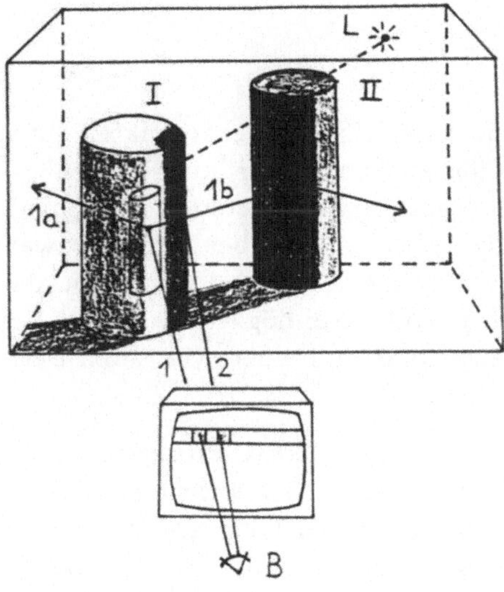

In obiger Abbildung sendet ein Beobachter durch die Pixel einer Bildschirmzeile Sehstrahlen in eine einfache Szene bestehend aus einem Glasobjekt I und einem undurchsichtigen Objekt II. Der Strahl 1 trifft auf I und wird zum Teil gebrochen (1a) und zum Teil reflektiert (1b); beide Strahlen müssen weiterverfolgt werden. Strahl 1b trifft auf II; dies bedeutet, daß sich II in I spiegelt. Strahl 2 trifft auf I; auf der Verbindungslinie zwischen Auftreffpunkt und Lampe L liegt II, d.h. II wirft einen Schatten auf I.

Ein Nachteil des Ray-Tracings ist die verhältnismäßig lange Rechenzeit. Da das Prinzip bisher nicht hardwaremäßig implementiert wurde, müssen bei der rekursiven Verfolgung der Strahlen sehr viele Floating-Point Operationen durchgeführt werden. Durch paralleles Rechnen wird die Rechenzeit um

Größenordnungen verkürzt.

Man sieht, daß das Ray-Tracing scharfe Schattenkanten liefert. Dies wird bei der dritten klassischen Technik neben Tiefenpuffer und Ray-Tracing, dem Radiosity-Verfahren, vermieden. Hierbei wird die Beleuchtung einer Szene durch genaue Berechnung physikalischer Strahlungsgleichgewichte ermittelt. Dieses Verfahren liefert einen weichen Farbverlauf, aber z.B. keine Darstellung von Reflexionen.

3 Transputer

Der Transputer ist ein nach RISC-Gesichtspunkten entwickelter Mikroprozessor in MIMD-Technologie, der eine sehr hohe Rechenleistung besitzt und speziell zum Einsatz in Multiprozessorsystemen konzipiert wurde. Er hat ein schnelles On-Chip RAM, vor allem aber vier Hardwarelinks, d.h. schnelle serielle Schnittstellen mit eigenen DMA-Controllern, die eine direkte Verbindung mit anderen Transputern ermöglichen. Er ist außerdem durch klassische Hochsprachen zusammen mit einem verteilten Betriebssystem komfortabel programmierbar.

Der CMOS-Chip T800 ist ein 32-Bit Prozessor mit einer 64-Bit Floating Point Einheit, 4KB SRAM und vier seriellen Schnittstellen mit bidirektional 20 MBit/sec Baudrate. In der CPU gibt es keine Register, sondern nur Workspacezeiger, Befehlszeiger und den Stack. Der Transputer kennt nur 104 Befehle, die meistens aus 8-Bit Folgen bestehen, außer einigen aufwendigeren wie Multiplikation, Multitasking und Kommunikation von Prozessen auf dem gleichen Chip oder mit anderen Transputern. Zusammen mit der Fließkommaeinheit besitzt ein T800 eine Spitzenleistung von ca. 10 MIPS bzw. 1.5 MFlops. Mit Hilfe der vier Hardwarelinks jedes Transputers kann die Struktur eines Prozessornetzes optimal an das zu bearbeitende Problem angepaßt werden. Ein wesentlicher Punkt ist, daß der Transputer während der Kommunikation seine volle Numerikleistung erbringen kann.

Ein Beispiel für konfigurierbare Transputernetze sind die beiden am IWR eingesetzten SuperCluster mit zusammen 128 Prozessoren. Sie enthalten crossbar-switches (NCU-Network Configuration Units), die jeweils bis zu 24 Transputer verschalten können.

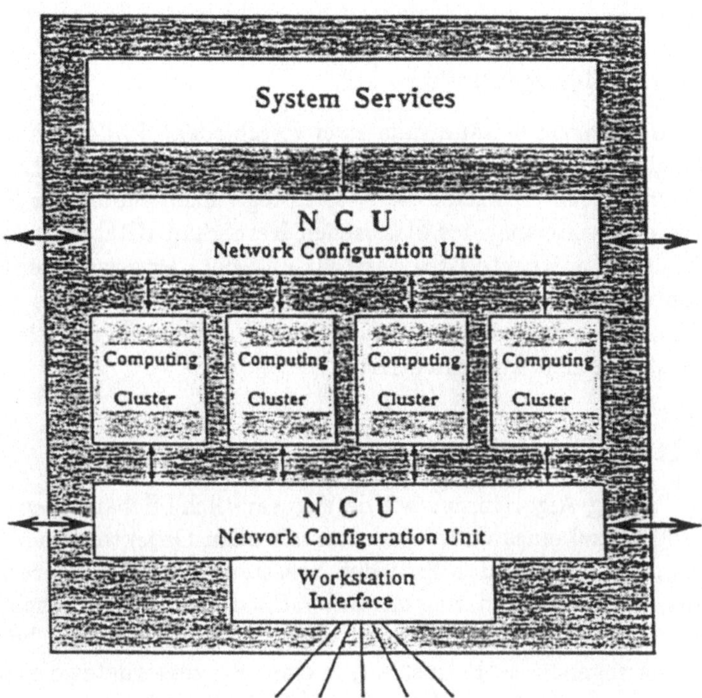

Ein Computing Cluster besteht aus 16 Transputern und einer NCU. Vier Computing Cluster bilden ein SuperCluster, das durch höhergeordnete NCU's mit weiteren SuperClustern vernetzt werden kann. Vor dem Start einer Applikation kann mit Hilfe spezieller Softwareutilities die gewünschte Topologie des Transputernetzes generiert werden.

Die Netzwerke werden von dem Betriebssystem HELIOS verwaltet. HELIOS ist ein verteiltes Betriebssystem nach dem Client-Server Modell mit einer herkömmlichen UNIX-Shell. Auf jedem Knoten des Netzwerkes wird hierbei ein Minimum an Systemroutinen - der Nucleus - installiert, der die Ausführung von Programmen und die Kommunikation ermöglicht. Alle anderen Systemteile sind Serverprogramme, die auf frei wählbaren Knoten plaziert werden können. Programme können als Tasks in verschiedenen Programmiersprachen wie OCCAM, FORTRAN oder C formuliert und auf beliebige Knoten gesetzt werden. Die einfache Deklarationssprache CDL (Component Distribution Language) beschreibt die Abhängigkeiten der Softwarekomponenten untereinander, die über Standardkanäle miteinender kommunizieren. HELIOS benutzt dabei ein optimiertes Message-Passing

Bei der Programmierung in C kann man zwei verschiedene Philosophien verfolgen: Eine Möglichkeit ist die Formulierung durch Tasks mit der Kommunikationsverwaltung durch HELIOS; die zweite Möglichkeit bietet der PAR.C Compiler, der eine Erweiterung des klassischen Kernighan-Ritchie Standards [KR] durch parallele Konstrukte [HS] darstellt und dem Programmierer eine vollständige Kontrolle des Programm- und Kommunikationsablaufes auf relativ niedriger Systemebene erlaubt. Das in dieser Arbeit vorgestellte Ray-Tracing System ist in Par.C implementiert.

4 Simple Ray-Tracing

Ein naiver Ray-Tracing Algorithmus würde also sämtliche Sehstrahlen durch die ca. 1000 x 1000 Pixel eines Grafikschirmes mit allen Objekten einer Szene verrechnen. Aus der Tatsache, daß für jeden Sehstrahl diesselben Berechnungen durchgeführt werden müssen, nur mit unterschiedlichen Ausgangsparametern, bietet sich sofort die Parallelisierung des Algorithmus an. Sehr bewährt hierbei hat sich die sogenannte Farmstruktur eines Prozessornetzwerkes: Ein Masterprozessor verteilt die Arbeit (in unserem Falle die Sehstrahlen) auf ein Netz von Workerprozessoren und sammelt die errechneten Farbwerte für die entsprechenden Pixel wieder ein. Hierbei sind im RAM jedes Transputers die vollständigen Informationen über die Bildszene geladen, so daß auf jedem Knoten im wesentlichen dasselbe Programm läuft. Um die Kommunikationswege vom Master zu den Workern möglichst kurz zu halten, ist der trinäre Baum optimal:

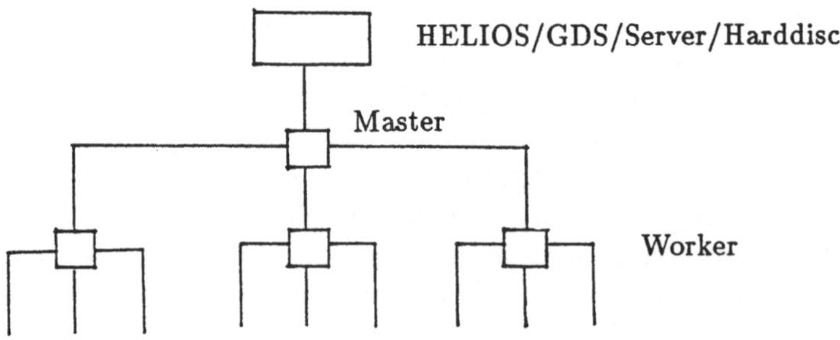

Auf dem ersten Knoten läuft hierbei HELIOS und ein Severprogramm, das die Daten an die Grafikkarte GDS 2 weiterschickt.

Auf dem Masterknoten laufen im wesentlichen zwei Prozesse: Der Multiplexer-Prozess COLLECT & DISTRIBUTE , der die Sehstrahlen auf die Worker verteilt und die errechneten Farbwerte einsammelt, und der dazu gepufferte Prozess WORK, der auch Sehstrahlen übernimmt, falls der andere Prozess ruht.

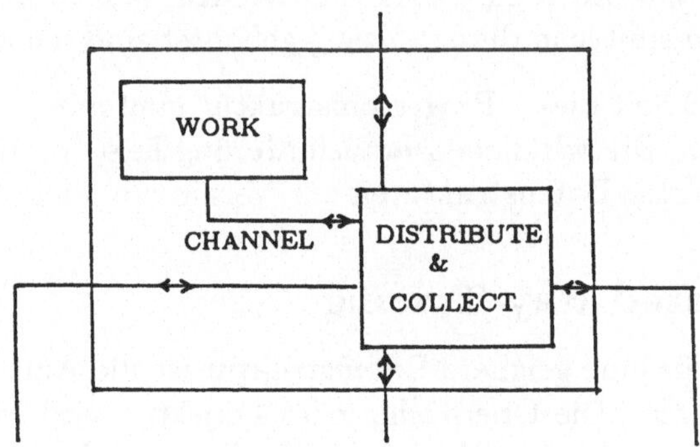

Auf jedem Workerknoten laufen die beiden gepufferten Prozesse WORK und RECEIVE & SEND; letzterer leitet die Daten an andere Knoten weiter oder teilt sie dem eigenen WORK-Prozess zu.

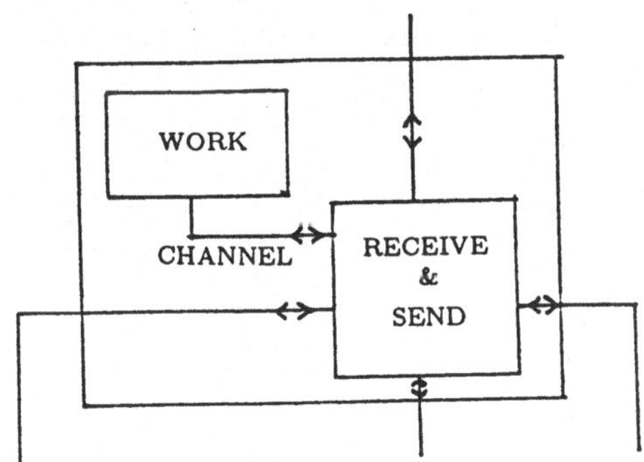

Ein in Par.C so konzipiertes Programm kann ohne Änderung auf einer beliebigen Zahl von Prozessoren laufen, wenn man zwei Eigenschaften von Par.C ausnutzt: Zum einen das Channelkonzept, das die Kommunikation innerhalb eines Prozessors über formale Kanäle, Channels, regelt, die eine Synchronisation der Prozesse erlauben. Ein empfangender Prozess wartet solange, bis der sendende Prozeß sendebereit ist. Die zweite wichtige Eigenschaft des Compilers ist es, daß er auf jedem Knoten eine System-Variable zur Verfügung stellt, mit deren Hilfe die Topologie der näheren Nachbarschaft im Prozessornetzwerk erkundet werden kann. So kann z.B. erfragt werden, welcher Link zum Master führt, wieviele Transputer in diesem Zweig gebootet sind u.s.w.

Die relative Einfachheit dieser Programmstruktur muß mit langen Rechenzeiten erkauft werden. Die wirkliche Herausforderung liegt im nächsten Schritt, dem Einbau geeigneter Datenstrukturen zur Verkürzung der Rechenzeit.

5 Sophisticated Ray-Tracing

Die zentrale Idee für eine geignete Datenstruktur ist die Aufteilung der Bildszene in einen Octree. Die Oberfläche jedes Objektes wird in Polygone (i.a. Dreiecke) zerlegt, so daß jedes Objekt als eine Liste von Polygonen vorliegt.

Die Gesamtszene wird in acht kleinere "Kästen" aufgeteilt und diese sukzessive weiter unterteilt. Als Datenstruktur wird dies mit Hilfe einer verketteten, sich achtfach verzweigenden Liste modelliert. An jedem Knotenpunkt der Liste werden die Polygone eingetragen, die den entsprechenden Kubus schneiden. Durch Bitmanipulationen läßt sich dies sehr schnell durchführen. Alle Sehstrahlen werden auf jeder Ebene des Baumes in den entsprechenden Kuben der Szene verfolgt. Diese Datenstruktur führt natürlich zu einem sehr komplexen Sourcecode.

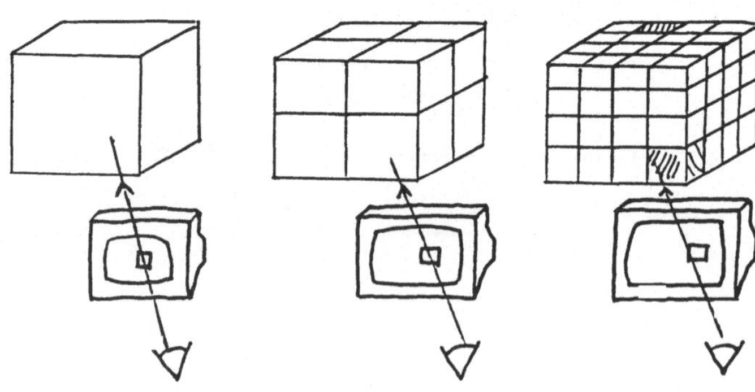

Ein zentrale Teil der Software ist die Implementierung des DDA (Differential Digital Analyzer), der jeden Sehstrahl mit der minimalen Anzahl von Kuben einer Baumebene umgibt. Dies ist im wesentlichen eine dreidimensionale Verallgemeinerung des Bresenham-Linienalgorithmus, wobei darauf zu achten ist, daß der Sehstrahl vollständig von Kuben eingeschlossen wird. Für eine Szene mit ca. 50 000 Polygonen kann auf Transputern mit 4 MB RAM typischerweise Baumtiefe 5 gewählt werden. Beim Laden der Szenendaten werden die Polygone mit entsprechenden Parametern versehen, um die Berechnung von Farbwerten, Reflektion und Brechung zu ermöglichen.

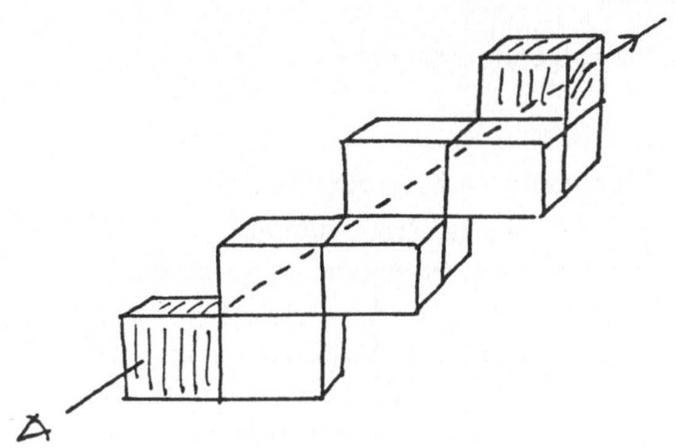

Ein besonderes Feature ist die Möglichkeit, spezielle Oberflächen, Texturen, zu simulieren. Hierzu existieren heute zwei Methoden: das Einscannen von fertigen Vorlagen mit der Projektion dieser Vorlagen auf eine Objektoberfläche, und die algorithmische Erzeugung mit Hilfe geeignet gewählter Texturfunktionen. Beide Vorgehensweisen sind in unserem System vorgesehen. Beim Einscannen wird ein Bild mit einem handelsüblichen Scanner im TIFF-Format digitalisiert und die Farbwerte einer Objektoberfläche entsprechend gesetzt. Bei der algorithmischen Textur wird ein Texturfile eingeladen, in dem eine dreidimensionale Störfunktion für die Normalenvektoren des entsprechenden Szenenobjektes enthalten ist. In dieser Texturfunktion werden meist Wahrscheinlichkeitsverteilungen oder fraktale Techniken eingesetzt.

Mit den Objekten einer Szene können logische Operationen durchgeführt werden. Hierzu kann ein beliebiger Boolescher Ausdruck eingegeben werden, so daß Addition, Subtraktion und Durchschnitt von Objekten berechnet wird. Dies wird dadurch ermöglicht, daß entlang jedes Sehstrahles berücksichtigt wird, "in" welchem Objekt er sich gerade befindet.

Die Szeneaufbau ist in einem ASCII-Interface enthalten. Die Parameter der Szene können so einfach vom Benutzer eingetragen und schnell geändert werden. Dieses File enthält die Namen der Files, in denen die in Polygone zerlegten Objekte enthalten sind, sowie die Parameter für diffusen, ambienten, reflektierten, spekularen und transparenten Lichtanteil jedes Objektes. Weitere Parameter sind: Beobachterstandpunkt, Blickrichtung, Zentralperspektive, Texturen, logische Operationen, u.s.w. Nach dem Programmstart wird zunächst ein Gittermodell der Szene dargestellt, um grobe Änderungen schnell durchführen zu können.

Im wesentlichen laufen folgende Prozesse ab:

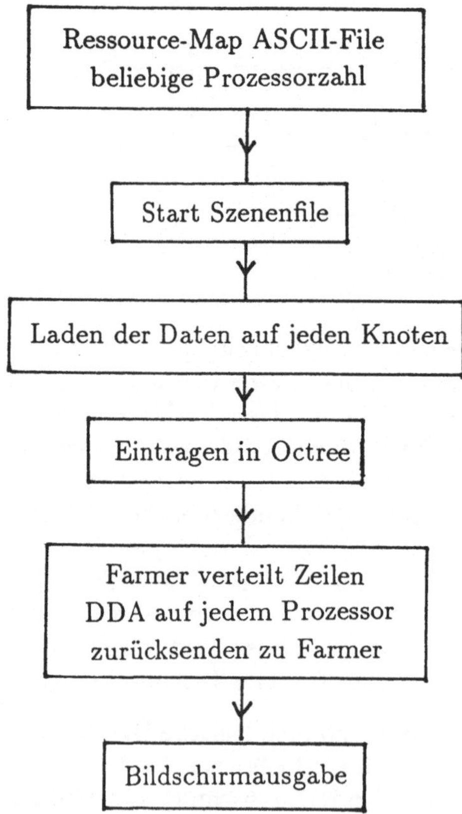

Für eine Szene bestehend aus ca. 60 000 Polygonen mit vier Lichtquellen, reflektiertem und transparentem Lichtanteil beträgt die Rechenzeit mit 96 Transputern ca. 15 Minuten. Das Programm hat inzwischen kompiliert eine Größe von fast 2 MB erreicht.

6 Gotische Architektur

In diesem Abschnitt wird über eine Anwendung des Ray-Tracing Systemes zur Visualisierung gotischer Architektur berichtet. Dies ist ein Projekt in Zusammenarbeit mit dem Kunsthistoriker Dr. Werner Müller, das von der Deutschen Forschungsgemeinschaft unter dem Arbeitstitel "CAD gotischer Gewölbe" gefördert wird.

In langjähriger Forschungsarbeit hat Werner Müller die Regeln untersucht, nach denen die spätgotischen Baumeister kunstvolle Rippengewölbe konstruierten. Es stellte sich heraus, daß sich diese Regeln als Algorithmen darstellen lassen, nach denen schon damals in einer Art Fertigbauweise die einzelnen Steine bearbeitet und vor Ort in die Gewölbe eingepaßt wurden. Ausgangspunkt waren nur die Grundrißzeichnungen, wie z.B. der in Bild 1 dargestellte Grundriß eines Kirchenchores.

Wir entwickelten einen CAD-Modul, der nach Eingabe der Grundrißdaten in einem ASCII-File anhand dieser Algorithmen die dreidimensionalen Datenfiles der Gewölberippen generiert. Diese Files werden in das Szenefile des Ray-Tracers übernommen, zusammen mit den anderen Objekten der Bildszene. Nach längerer Zeit des Experimentierens war die große Zahl der freien Parameter zur Gestaltung der Szenen zufriedenstellend festgelegt und Bilder entstanden wie die im folgenden vorgestellten. Aufgrund der Reproduktionstechnik ist die Qualität der Abbildungen etwas eingeschränkt.

Die nachfolgenden Bilder sowie die Visualisierung eines Grundrißkataloges gotischer Gewölbe sind in [MQ] enthalten.

Bild 1: Originalgrundriß eines gotischen Kirchenchores

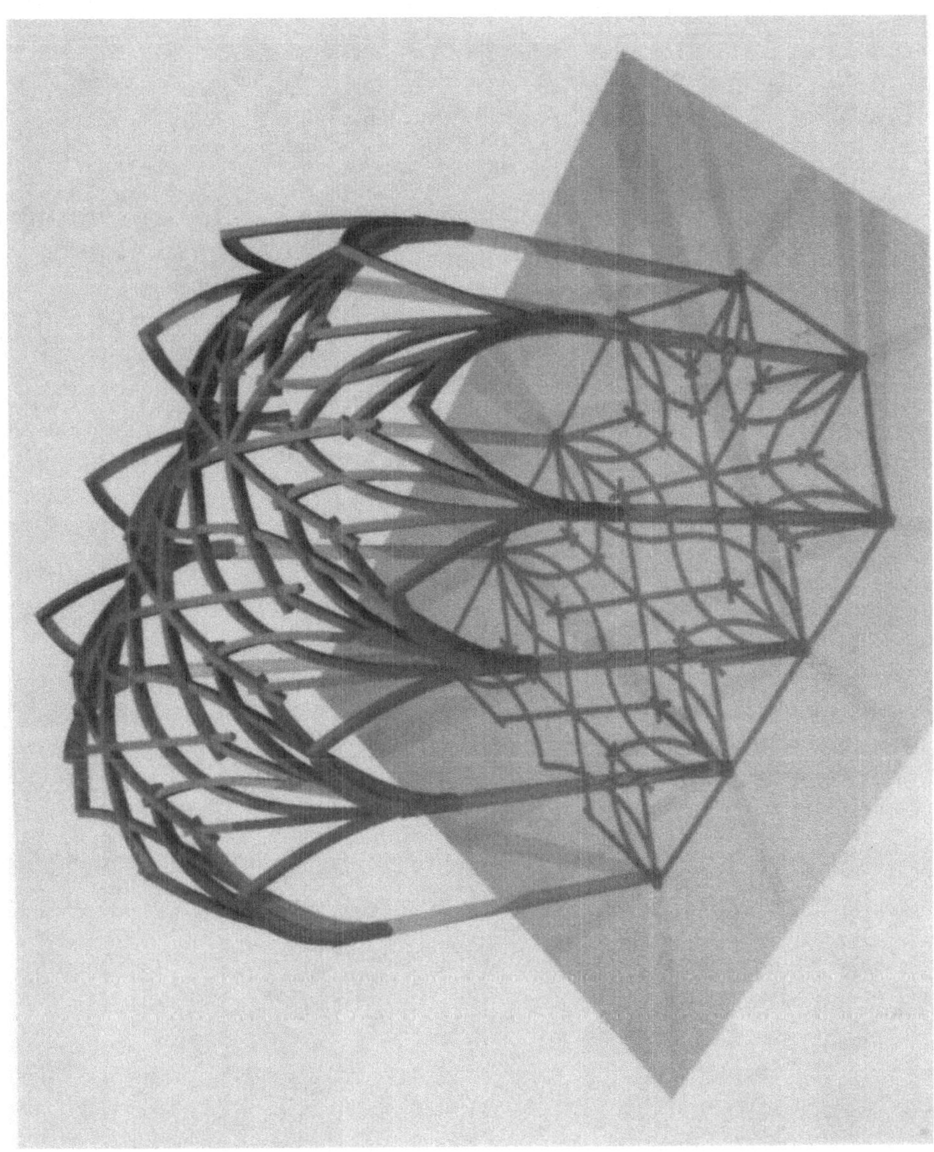

Bild 2: Das Rippengewölbe mit dem Grundriß als Schatten

Bild 3: Gesamtansicht des Chores

Bild 4: Eine Innenansicht mit Oberflächentexturen

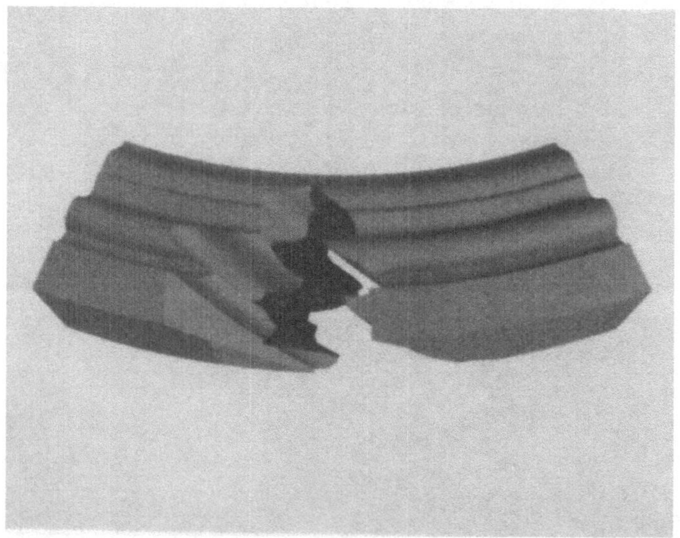

Bild 5: Logische Operation zur Berechnung von Schnittlinien

Literatur

[F]
J. D. Foley, A. van Dam, S. K. Feiner, J. F. Hughes: *Computer Graphics*, Addison-Wesley 1990.

[G]
A. S. Glassner: *An Introduction to Ray-Tracing*, Academic Press 1989.

[HS]
S. P. Harbison, G. L. Steele: *C: A reference manual*, Prentice Hall 1984.

[KR]
B. W. Kernighan, D. M. Ritchie: *Programmieren in C*, Hanser Verlag 1983

[MQ]
W. Müller, N.Quien: *Ziergewölbe der Dürerzeit*, Uhl-Verlag, Nördlingen, März 1992.

[Q]
N. Quien: Some Results of the Interplay between Computer Graphics and Mathematics, Computers & Graphics 4 (1991), pp. 515-518.

[QM1]
N. Quien, W. Müller: Ray Tracing on Transputers and Late Gothic Vaults, Preprint 90-04 IWR Universität Heidelberg 1990.

[QM2]
N. Quien, W. Müller: Gothic Vaults and Transputers, IEEE Computer Graphics & Applications 12 (1992) Nr.2.

[QM3]
N.Quien, W. Müller: Computergrafik und gotische Architektur, Spektrum der Wissenschaft 12/91, pp. 120-133.

Funktionale Programmierung paralleler Algorithmen für numerische und technisch-wissenschaftliche Anwendungen

Christoph Zenger

Technische Universität München
Institut für Informatik
D-8000 München 2

Zusammenfassung

Die in Numerik und technischen Anwendungen fast ausschließlich verwendeten imperativen Programmiersprachen (z. B. FORTRAN, PASCAL, C) stoßen dann an ihre Grenzen, wenn es nicht praktikabel ist, die Ablaufreihenfolge der einzelnen Programmschritte detailliert festzulegen. Neben der sequentiellen Verarbeitung von Datenströmen gilt dies insbesondere für parallele Programme. Die logische Gliederung des Programms, die sich in der Niederschrift des Programmtexts widerspiegeln sollte, steht oft quer zur optimalen Ablaufreihenfolge. Die funktionale Programmierung kann dazu einen Ausweg anbieten, da hier die Reihenfolge des Programmtextes nur sehr indirekt mit der Abarbeitungsreihenfolge gekoppelt ist. Diese Technik wird in der vorliegenden Arbeit diskutiert, ihre Stärken werden an einem Fallbeispiel demonstriert.

1. Motivation, Zielsetzung

Für numerische, naturwissenschaftliche oder ingenieurwissenschaftliche Aufgabenstellungen werden fast ausschließlich imperative Programmiersprachen verwendet, wie FORTRAN, C, PASCAL usw.. Gemeinsames Merkmal dieser Sprachen ist der enge Zusammenhang zwischen Programmtext und Programmablauf. Das Programm, i.a. eine Folge von Anweisungen, wird Anweisung für Anweisung abgearbeitet. Am deutlichsten wird dieser Zusammenhang bei der Assemblerprogrammierung, wo der einzelnen Anweisung - dem Befehl - eine wohldefinierte Maschinenaktion entspricht.

Eine so eng festgelegte Zuordnung ist nicht immer wünschenswert. Dies führte zu einer gewissen Aufweichung dieses Prinzips bei Vektor- und Parallelrechnern.

Bei der Abarbeitung der Anweisungen eines Programms in der pipeline eines Vektorrechners wird mit der Bearbeitung einer Anweisung bereits begonnen, bevor die Bearbeitung der vorangegangenen Anweisung abgeschlossen worden ist. Eine solche Überlappung führt zu einer erheblichen Beschleunigung der Abarbeitung und wird heute nicht nur bei Vektorrechnern, sondern auch bei modernen RISC-Prozessoren durchweg eingesetzt.

Das führt natürlich zu einer erheblichen Komplikation bei den Compilern, die Datenabhängigkeiten bei aufeinanderfolgenden Befehlen auch über bedingte Sprünge hinweg verfolgen und geeignet berücksichtigen müssen. Darüber hinaus wird in vielen Fällen ein signifikanter Effizienzgewinn nur erzielt, wenn bereits bei der Programmierung darauf Rücksicht genommen wird. Bereits bei den klassischen Vektorrechnern war eine Überarbeitung der FORTRAN-Quelle unerläßlich, um dem Compiler eine gute Vektorisierung zu ermöglichen. Dies führt in vielen Fällen sogar zu einer völligen Umstellung des Algorithmus, in dem schlecht vektorisierbare Teile des Algorithmus durch gut vektorisierbare ersetzt werden. Dabei können auch Algorithmen zum Einsatz kommen, die bei rein sequentieller Verarbeitung nicht konkurrenzfähig wären.

Mit dem Aufkommen der Parallelrechner haben sich die entsprechenden Schwierigkeiten weiter verschärft. Hier genügt es nicht mehr, die Optimierung lokal in einem Programmstück auszuführen, es wird in der sog. grobgranularen parallelen Programmierung vielmehr vorteilhaft, ganz unabhängige Programmstücke gleichzeitig zu bearbeiten. Dabei wird es sehr viel schwieriger, die Übersicht zu behalten, und es wird auch schwieriger, die Verteilung auf verschiedene Prozessoren von einem Compiler erledigen zu lassen. Erschwerend kommt hinzu, daß die einzelnen Prozessoren selbst wieder Vektor- bzw. RISC-Prozessoren sind, bei deren Befehlsablauf die oben angesprochene Analyse durchgeführt werden muß.

In dieser Situation liegt es nahe, sich bei anderen Programmierkonzepten umzuschauen, die diesen neuen Aufgaben angemessener sind. Solche Konzepte haben auch bei rein sequentieller Bearbeitung Vorteile, weil sie die Schwierigkeiten, die mit dem Zwang zur oft überflüssigen Festlegung der genauen Abarbeitungsreihenfolge verbunden sind, von vorneherein vermeiden und auch Korrektheitsbeweise erleichtern.

Der entsprechende Programmstil wird als „Funktionale Programmierung" bezeichnet, da er ausschließlich den funktionalen Zusammenhang zwischen Daten beschreibt (siehe z.B. [Bar 90]). Es gibt keine Variablen, die im Laufe der Abarbeitung unterschiedliche Werte annehmen können. Deshalb lassen sich funktionale Programme nicht so direkt auf von-Neumann-Architekturen realisieren wie imperative Programme. An einem einfachen Beispiel sollen Eigenschaften der entsprechenden Programmiertechnik erläutert werden:

Sei M die Menge der reellen (endlichen oder unendlichen) Folgen (z.B. Zeitreihen) $a = a_1, a_2, a_3, ..., a_i \epsilon R$.

Gegeben seien eine Filterfunktion $F_1 = M \rightarrow M$ definiert durch $F_1(a) = b$ mit $b_i = \sum_{j=0}^{m} \alpha_j a_{i+j}$, sowie eine weitere Filterfunktion $F2$, definiert durch einen entsprechenden Satz von Koeffizienten β_j, $j = 0, ..., m$.

Die Aufgabe sei nun, zu einer gegebenen Folge a das Bild $F_2(F_1(a))$ zu berechnen. Wir nehmen dabei an, daß die Folge a Element für Element eingelesen wird. Ist die Folge a endlich, so kann man natürlich in einem ersten Schritt $F_1(a)$ berechnen, das Resultat in den Speicher unter dem Namen b schreiben und dann in einem zweiten Schritt $c = F_2(b)$ berechnen. Dies erfordert aber die Speicherung des ganzen Datensatzes b, was bei langen Vektoren nicht toleriert werden kann und bei nicht von vorneherein bekannter Länge in FORTRAN auch nicht zulässig ist. Dann ist es günstiger, nach Berechnung der ersten b_i bereits mit der Berechnung der c_i zu beginnen, wobei auschließlich der Speicher für die ersten b_i freigegeben werden kann. Das Betriebssystem UNIX verdankt seinen Erfolg auch der Tatsache, daß es diese Art der Stromverarbeitung mit dem sog. pipe-Konzept besonders einfach und effizient gemacht hat und als Konstruktionsprinzip bei der Erstellung von Systemprogrammen propagiert hat [Pik]. Das Programm $F1$ liest die ersten Elemente der Folge a und schreibt seine Ergebnisse in einen Puffer. Ist dieser Puffer voll, liest das Programm $F2$ die Daten aus diesem Puffer und beginnt mit der Berechnung von c. Ist der Puffer leer, setzt $F1$ seine Tätigkeit fort usw..

Solche Ketten können beliebig lange hintereinander geschaltet werden und sich auch verzweigen, wobei gewisse Regeln befolgt werden müssen. Hierzu ist für die Zwischenspeicherung nur Pufferspeicher in relativ geringem Umfang erforderlich. Die alternative Lösung, bei der b zunächst vollständig berechnet wird, erfordert dagegen i.a. die Speicherung jedes Zwischenresultatstromes auf dem Hintergrundspeicher. Eine typische Anwendung dieser Technik ist etwa die Übersetzung eines Programmes in mehreren Schritten, wobei die einzelnen Zwischenergebnisse in pipes übertragen werden. Es wäre außerordentlich umständlich und unübersichtlich, diese Mehrpassübersetzung in ein übliches imperatives Programm zu packen, bei dem die Ablaufreihenfolge dann von peripheren Details wie der Länge der Zwischenpuffer abhängig gemacht werden müßte.

Als Beispiel aus dem numerischen Anwendungsbereich kann die Mehrgittertechnik herangezogen werden. Ein Glättungsschritt hat als Eingabe etwa die zeilenweise geordneten Funktionswerte eines Gitters. Nach dem Einlesen von drei Zeilen des Eingabestroms kann bereits die erste Zeile der geglätteten Funktionswerte ausgegeben werden. Nach weiteren zwei Zeilen Eingabe stehen bereits drei Zeilen des Resultatgitters zur Verfügung, und es kann mit einem weiteren Glättungsschritt oder der Restriktion auf ein Grobgitter begonnen werden. Mit dieser Technik ist es möglich, auch bei sehr großen Gittern mit wenig Zwischenspeicherung auf dem Hintergrundspeicher einen vollständigen Mehrgitterzyklus durchzuführen. Dabei ist sogar in einem gewissen Umfang Parallelarbeit möglich, weil die einzelnen Filter teilweise gleichzeitig arbeiten können. Die einzelnen Bausteine, z.B. ein Glättungsschritt, können konventionell etwa als FORTRAN-Hauptprogramm geschrieben werden. Soll zweimal geglättet werden, hängt man zwei dieser Hauptprogramme hintereinander, indem man Aus- und Eingabe verknüpft. Eine in dieser Weise programmierter „Mehrgitter-workbench“ ist in [Rue 86] beschrieben. Weitere Hinweise zu dieser Programmiertechnik finden sich in [Foe 87] und[Foe 88].

Da hier nicht wie sonst üblich Unterprogramme, sondern Hauptprogramme miteinander verknüpft werden, ist auch die Mischung verschiedener Sprachen absolut problemlos möglich, und es können sogar Module verwendet werden, deren Quelle unzugänglich ist, was beim Einsatz kommerzieller Programme von großer Bedeutung sein kann. Die Vernetzung dieser Programme kann als UNIX Shellscript programmiert werden, wobei dann bei Mehrprozessor-Unix-Systemen bereits Parallelverarbeitung stattfinden kann (siehe [Foe 88]).

Da hier die Parallelität in der Ausnutzung der Fließbandverarbeitung besteht, wollen wir sie Fließbandparallelität nennen.

Wir haben an den Beispielen gesehen, daß diese Form der Parallelität bei der auch für sequentielle Programme geeignetsten Programmformulierung „automatisch“ anfällt. Sie muß also nicht erst durch zusätzliche Umformulierung des Programms ermöglicht werden.

2. Funktionale Programmierung auf Datenströmen

Die im ersten Abschnitt beschriebene Fließband-Parallelverarbeitung enthält natürlich nicht das ganze Potential an möglicher Parallelisierung eines Algorithmus. Bei der numerisch orientierten Programmierung ist sie i.a. sogar gerade der Teil, der bei den üblichen Programmen nicht ausgenutzt wird. Wird etwa die Mehrgittertechnik parallelisiert bzw. vektorisiert, so werden i.a. die einzelnen Verarbeitungsschritte (Glättungsschritt, Restriktion, Interpolation) für sich parallelisiert ohne Berücksichtigung der Fließbandtechnik. Das ist dadurch möglich, daß einzelne Verarbeitungsschritte innerhalb eines Programmabschnitts voneinander unabhängig sind. Um die Situation etwas genauer erläutern zu können, untersuchen wir ein einfaches Beispiel: Wir lösen die Differentialgleichung $u'' = f$ mit der Randbedingung $u(0) = u(2n) = 0$ mittels des Standard-Differenzenverfahrens auf einem äquidistanten Gitter der Gitterweite 1 und erhalten die Differenzengleichung

$$-u(i-1) + 2u(i) - u(i+1) = b_i \quad \text{für} \quad i = 1, ..., 2n-1.$$

Verwenden wir zur Lösung das red-black-Gauß-Seidel-Verfahren, so können wir die roten Punkte $u(i)$, $i = 1, 3, 5, ..., 2n-1$, gleichzeitig verbessern, da ihre Berechnung voneinander unabhängig ist.

$$u_{neu}(i) := \frac{1}{2}(u(i+1) + u(i-1) + b(i)) \quad \text{für} \quad i = 1, 3, ..., 2n-1$$

Danach berechnen wir nach derselben Formel die schwarzen Punkte ($i = 2, 4, 6, ..., 2n-2$). Den Rechenablauf können wir in einem Graphen symbolisch darstellen (Fig. 2.1). Hierbei wird jede Zeile in einem Zeitschritt parallel ausgewertet.

Verwenden wir für die Iteration statt red-black-Gauß-Seidel den lexikographischen Gauß-Seidel, so scheint eine Parallelisierung nicht möglich, da die Berechnung von $u(i)$ die Beechnung von $u(i-1)$ voraussetzt, also schrittweise vorgegangen werden muß . Bei der Iteration ist jetzt allerdings das Fließbandprinzip anwendbar, da die 2. Iteration bereits begonnen werden kann, nachdem $u(1)$ und $u(2)$ berechnet sind (Fig. 2.2).

Vergleichen wir Fig. 2.1 und Fig. 2.2, so stellen wir fest, daß die Graphen bis auf die Startphase übereinstimmen. Sieht man von der Startphase ab, so unterscheiden sich lexikographischer Gauß-Seidel und red-black-Gauß-Seidel in diesem einfachen Fall nicht. Der Unterschied entsteht nur durch die abweichende Zusammenfassung in Verarbeitungseinheiten: Beim lexikographischen

Gauß-Seidel fassen wir eine Schrägzeile zu einer Einheit zusammen, beim red-black-Gauß-Seidel eine waagrechte Zeile.

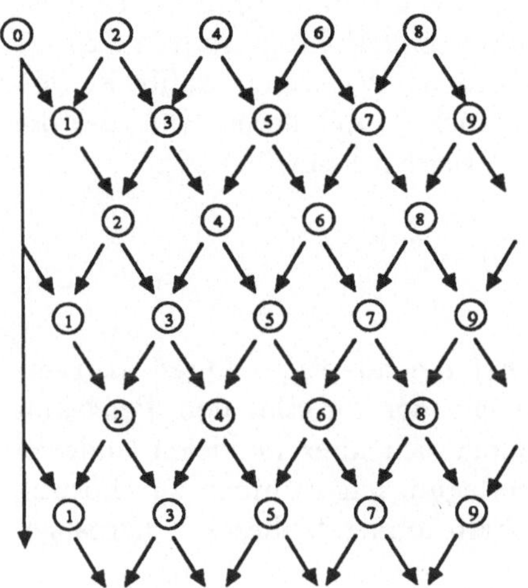

Figur 2.1

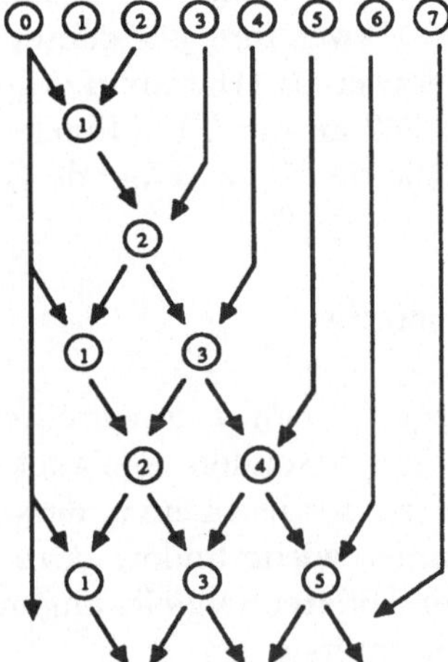

Figur 2.2

Würde man das parallele Jacobi-Verfahren als Graph darstellen, so würde man feststellen, daß dieser Graph in zwei unzusammenhängende Teilgraphen zerfällt, von denen eine Komponente mit red-black-Gauß-Seidel übereinstimmt. Diese Beispiele sollen verdeutlichen, daß die funktionale Betrachtungsweise Zusammenhänge zwischen verschiedenen Algorithmen verdeutlichen kann (die in dem hier betrachteten Fall natürlich wohl bekannt sind), und daß die im 1. Abschnitt behandelte Fließbandparallelität und die im 2. Abschnitt behandelte Parallelität eng zusammenhängen. Es wäre wünschenswert, die Programmierung so zu gestalten, daß die Zusammenfassung in Untereinheiten (hier waagrechte bzw. Schrägzeilen) sich nach der Übersichtlichkeit der Darstellung richten kann, und dabei trotzdem die Abarbeitung in der gleichen Weise mit maximaler Parallelität erfolgt.

Im vorliegenden Beispiel sind die Zusammenhänge noch sehr einfach. Bei komplexeren Beispielen ist eine Analyse über die Graphen i.a. nicht mehr ohne weiteres möglich. Wie im folgenden Abschnitt in einer komplexeren Fallstudie gezeigt wird, ermöglicht der funktionale Zugang aber auch in solchen Fällen noch die übersichtliche Beschreibung eines Algorithmus, ohne dabei die Parallelität einzuschränken. Prinzipiell kann dann aus der funktionalen Beschreibung bei Verwendung geeigneter Werkzeuge das parallele Programm in Gestalt eines Netzwerkes (Datenflußgraph) erzeugt werden. Werkzeuge dafür werden im SFB 342 an der TU München zur Zeit entwickelt, mit deren Hilfe der die Parallelisierung beschreibende Graph generiert werden kann [Vei 90].

3. Fallstudie

In diesem Abschnitt beschreiben wir zunächst ein adaptives Quadraturverfahren, das besonders geeignet ist, die Vorteile der funktionalen Programmierung zu verdeutlichen, dessen Grundschema sich aber in vielen anderen Algorithmen wiederfindet, etwa bei Gebietszerlegungsalgorithmen zur Lösung partieller Differentialgleichungen. Es ist deshalb lohnend, dieses Schema genauer zu untersuchen.

Wir beginnen mit dem eindimensionalen Fall, dessen Grundidee bereits auf Archimedes zurückgeht, und mit dessen Hilfe Archimedes die Fläche eines Parabelsegments exakt und die Kreisfläche näherungsweise bestimmen konnte. Wir definieren das Funktional

$$F_1(f(\mathbf{x}), a, b) = \int_a^b f(x)dx.$$

Da im folgenden Funktionen mehrerer Veränderlicher vorkommen werden, kennzeichnen wir die Funktionsvariable, bzgl. derer die Integration geschehen soll, durch Fettdruck. (Die Notation des in der funktionalen Programmierung üblichen, auf Church zurückgehenden λ-Kalküls (siehe etwa [Bar 90]) der eine unmißverständliche Notation bzgl. Funktionalen und Funktion einführt, ist bei technisch-naturwissenschaftlichen Anwendern wenig geläufig und soll deshalb hier umgangen werden. Wegen der wohlbekannten Aufgabenstellung sollten Mißverständnisse aber ausgeschlossen sein.)

In einem ersten Schritt führen wir ein neues Funktional S_1 ein durch

$$F_1(f(\mathbf{x}),a,b) = \frac{1}{2}(f(a)+f(b))(b-a) + S_1(f(\mathbf{x}),a,b). \tag{3.1}$$

Damit vereinfachen wir die Aufgabe durch Aufspaltung in das leicht zu berechnende Trapez und das verbleibende Kurvensegment (Fig. 3.1). In einem 2. Schritt spalten wir die Fläche des Segments in das in Fig. 3.1 gekennzeichnete Dreieck und 2 kleinere Segmente und erhalten die Identität

$$S_1(f(\mathbf{x}),a,b) = (f(\frac{a+b}{2}) - \frac{1}{2}(f(a)+f(b)))\frac{b-a}{2} + S_1(f(\mathbf{x}),a,\frac{a+b}{2}) + S_1(f(\mathbf{x}),\frac{a+b}{2},b). \tag{3.2}$$

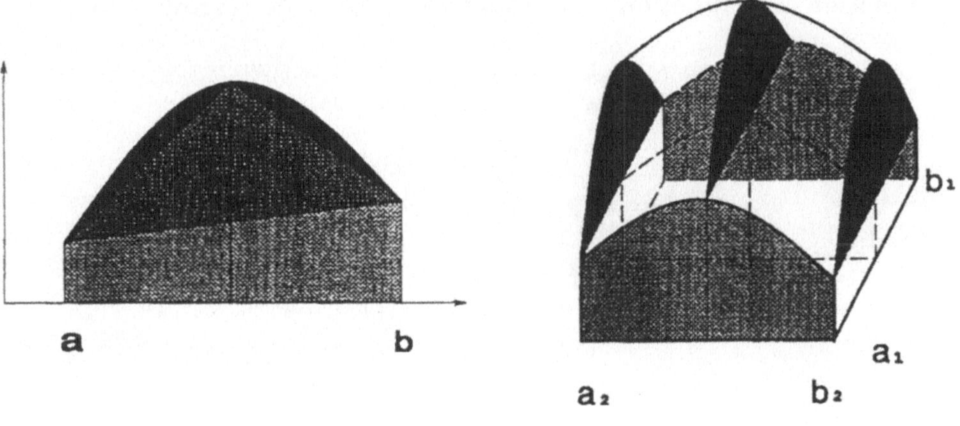

Figur 3.1 Figur 3.2

Diese Identität kann nun unmittelbar zur Konstruktion eines rekursiven Algorithmus herangezogen werden, wenn wir die Rekursion geeignet abbrechen. Dies kann etwa dadurch geschehen, daß wir die Gleichung (3.2) ersetzen durch die Approximation

$$
\begin{aligned}
S_1(f(\mathbf{x}),a,b) = \textbf{if}\ & ((f(\frac{a+b}{2}) - \frac{1}{2}(f(a)+f(b)))\frac{b-a}{2}) < \epsilon \\
\textbf{then}\ & 0 \\
\textbf{else}\ & (f(\frac{a+b}{2}) - \frac{1}{2}(f(a)+f(b)))\frac{b-a}{2} \\
& + S_1(f(\mathbf{x}),a,\frac{a+b}{2}) + S_1(f(\mathbf{x}),\frac{a+b}{2},b).
\end{aligned}
$$

Dabei wird unterstellt, daß, wenn die Dreiecksfläche hinreichend klein ist, die Fläche des Kurvensegments auch klein ist. Diese Annahme führt natürlich noch nicht zu einem für die Praxis geeigneten robusten Algorithmus, aber darauf soll es uns hier nicht ankommen.

Dieser Algorithmus (eine einfache adaptive Variante der Trapezregel) führt zu folgendem PASCAL-Programm:

```
function s1 (function f(x : real) : real; a, b, eps : real) : real;
var d : real;
begin d := (f((a + b)/2) - (f(a) + f(b))/2) * (b - a)/2;
      if    abs(d) < eps
      then  s1 := 0
      else  s1 := d + s1(f, a, (a, +b)/2, eps/2)
              +s1(f, (a + b)/2, b, eps/2)
end;
function ar1 (function f(x : real) : real; a, b, eps : real) : real;
begin ar1 := (f(a) + f(b)) * (b - a)/2 + s1(f, a, b, eps)
end;
```

Um dieses Quadraturverfahren auf den zweidimensionalen Fall zu verallgemeinern, wenden wir das Cavalierische Prinzip an und verwenden für die verbleibenden eindimensionalen Integrale das zuvor beschriebene Verfahren (siehe Fig. 3.2). Mit

$$F2(f(\mathrm{x1},\mathrm{x2}),a1,b1,a2,b2) = \int_{a_2}^{b_2}\int_{a_1}^{b_1} f(x1,x2)dx1\ dx2$$

erhalten wir die Gleichungen

$$
\begin{aligned}
&F2((f(\mathrm{x1},\mathrm{x2}),a1,b1,a2,b2) = \\
&\quad F1((f(\mathrm{x1},a2)+f(\mathrm{x1},b2))*(b2-a2)/2,a1,b1) \\
&\quad + S2(f(\mathrm{x1},\mathrm{x2}),a1,b1,a2,b2) \\
&S2(f(\mathrm{x1},\mathrm{x2}),a1,b1,a2,b2) = \\
&\quad F1((f(\mathrm{x1},(a2+b2)/2)-(f(\mathrm{x1},a2)+f(\mathrm{x1},b2))/2)*(b2-a2)/2,a1,b1) \\
&\quad + S2(f(\mathrm{x1},\mathrm{x2}),a2,(a2+b2)/2) \\
&\quad + S2(f(\mathrm{x1},\mathrm{x2}),(a2+b2)/2,b2)
\end{aligned}
$$

Aus diesen Beziehungen gewinnt man wieder einen Algorithmus (mit einer jetzt allerdings sehr viel komplexeren rekursiven Struktur), wenn man die Rekursion dann abbricht, wenn die mit $S1$ berechnete Fläche des eindimensionalen Kurvensegments in $S2$ wegen sofortigem Abbruch der $S1$-internen Rekursion den Wert 0 ergeben. (Wir wollen der Einfachheit halber den Fall ausschließen, daß dieser Wert durch Auslöschung erzeugt wird. Für diesen Fall muß das Programm etwas komplizierter werden.) Dieser Algorithmus ist im folgenden PASCAL-Programm wiedergegeben:

```
function s2 (function f(x1,x2 : real) : real;
                      a1,b1,a2,b2,eps : real) : real
var d : real;
function v(x : real) : real;
begin v := (f(x,(a2 + b2)/2)
             -(f(x,a2) + f(x,b2))/2) * (b2 - a2)/2
end;
begin d := ar1(v,a1,b1,eps);
      if    d = 0
      then  s2 := 0
      else  s2 := d + s2(f,a1,b1,a2,(a2 + b2)/2,eps/2)
                    +s2(f,a1,b1,(a2 + b2)/2,b2,eps/2)
end;
function ar2 (function f(x1,x2 : real) : real;
                       a1,b1,a2,b2,eps : real) : real;
function u(x : real) : real;
begin u := (f(x,a2) + f(x,b2)) * (b2 - a2)/2
end;
begin ar2 := ar1(u,a1,b1,eps) + s2(f,a1,b1,a2,b2,eps)
end;
```

Dieser Algorithmus ist jetzt nicht mehr identisch mit einem zweidimensionalen adaptiven Trapezverfahren. Wendet man ihn etwa auf die Funktion

$$f(x1, x2) = x1 * (1 - x1) * x2 * (1 - x2) \quad \text{auf} \quad [0,1] * [0,1]$$

an, so wird die Funktion nicht wie bei der Trapezregel auf einem kartesischen Produkt-Gitter ausgewertet, sondern auf einem sog. dünnen Gitter [Zen 90], dessen Struktur für eine gegebene Genauigkeitsschranke in Fig. 3.3 dargestellt ist. Wir wollen an dieser Stelle jedoch nicht auf die Eigenschaften dieses vor allem in der n-dimensionalen Verallgemeinerung interessanten Algorithmus eingehen (dessen Komplexität nämlich nicht wie bei fast allen anderen bekannten Verfahren mit der Dimension exponentiell wächst), sondern nur seine algorithmische Struktur näher untersuchen.

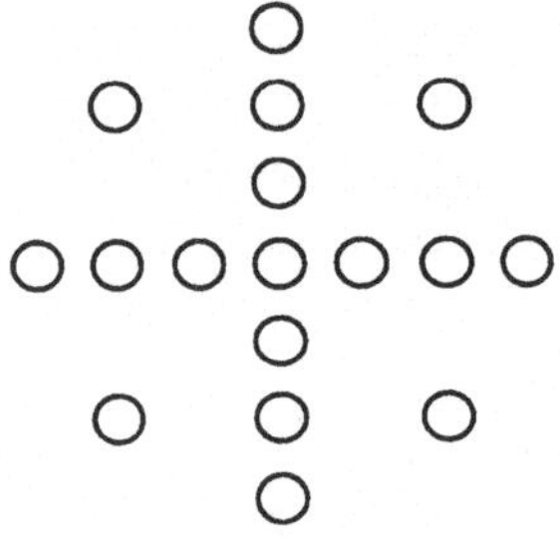

Figur 3.3

Zunächst stellen wir fest, daß er in bezug auf die Funktionsauswertungen noch nicht optimiert ist. Die Funktion wird an den Stützpunkten i.a. mehrmals ausgewertet. Will man das verhindern, so müssen die Werte zwischengespeichert werden, am besten dadurch, daß man die Funktionswerte einer Zeile des Gitters in einem Baum speichert und die bei der Rekursion anfallenden Zeilenbäume in einem Stapel ablegt, der bei der Rekursion der Funktion $S2$ auf- und abgebaut wird. Dies wäre jedenfalls in PASCAL (oder auch in C) die angemessene Vorgehensweise. Wie auch immer man vorgeht, es wird eine komplizierte dynamische Speicherverwaltung erforderlich sein. Wir wollen an dieser Stelle anmerken, daß dieselbe Schwierigkeit bei jedem adaptiven Verfahren zur Lösung partieller Differentialgleichungen überwunden werden muß.

Die Sprache FORTRAN stellt dafür keinerlei Sprachmittel zur Verfügung. Will man diesen Algorithmus in FORTRAN programmieren, muß die Speicherverwaltung sowohl für die Stapelverwaltung der Rekursion wie für die dynamische Verwaltung der Bäume im Assembler-Niveau ausprogrammiert werden. Daß dies sehr aufwendig und überdies fehleranfällig ist und keineswegs dem state of the art der Informatik entspricht, braucht nicht betont zu werden.

Weit komplizierter wird die Programmierung, wenn man das volle Parallelisierungspotential des Algorithmus ausschöpfen will. Die naheliegende Idee, etwa die beiden rekursiven Aufrufe von $S2$ bzw. $S1$ in der Funktion $S2$ bzw. $S1$ parallel auszuführen, bringt zwar schon einen gewissen Gewinn, schöpft jedoch nicht das ganze Potential aus. Markiert man die Gitterpunkte des Gitters Fig. 3.3 mit dem Zeitpunkt der Bearbeitung, so ergibt sich für diesen Fall Fig. 3.4.

Figur 3.4 Figur 3.5

Daß das volle Parallelisierungspotential nicht ausgeschöpft wird, liegt daran, daß in $S2$ die Mittelzeile in $S1$ erst vollständig ausgewertet sein muß, bevor die rekursiven Aufrufe von $S2$ starten können. Genau genommen ist das jedoch nicht erforderlich. Statt Fig. 3.4 wäre auch die weitergehend parallelisierte Abarbeitung nach Fig. 3.5 möglich, die nach halb so vielen Zeitschritten fertig wird. Dies würde durch eine Fließbandparallelisierung ermöglicht, wenn der Baum der Mittelzeile ebenenweise an die Aufrufe von $S2$ weitergeleitet würde, wodurch diese Aufrufe ihre Arbeit unmittelbar nach Berechnung des Mittelpunktes (der Wurzel des Zeilenbaumes) beginnen könnten. Will man das realisieren, geht die übersichtliche Struktur der Funktion $S2$ nicht nur in PASCAL, sondern in jeder imperativen Programmiersprache verloren. Die Programmniederschrift wird jetzt nicht mehr von dem einfachen Design des Entwerfers diktiert, sondern von dem Zwang, die optimale Ablaufreihenfolge des Programms zu verfolgen und zu dokumentieren. Das ist zwar möglich und heute gebräuchlich, entspricht aber ebenfalls nicht dem state of the art der Informatik. Dieses Problem liegt nun keineswegs an dem gewählten Beispiel, sondern begegnet einem bei vielen komplexen numerischen Algorithmen.

Wir wollen diesen Abschnitt deshalb mit einem Vorschlag zur Lösung dieses Problems abschließen, indem wir den bezüglich der Anzahl der Funktionsaufrufe optimierten Algorithmus in einer funktionalen Weise niederschreiben. Der Programmtext besteht dabei aus einem funktionalen Teil und einer Reihe von Hauptprogrammen, die hier in PASCAL formuliert sind.

Funktionaler Teil:

```
agent ar2(n, s, e, w, h1, h2, x1, x2) : i
begin (ez, en, es) := e;
      (wz, wn, ws) := s;
      (m, iz) := ewlinie(n, s, ez, wz, h1, h2, x1, x2);
      if empty(m)
      then i := iz
      else begin in := ar2(n, m, en, wn, h1, h2/2, x1, x2 + h2/2);
                 is := ar2(m, s, es, ws, h1, h2/2, x1, x2 - h2/2);
                 i := sum(iz, in, is)
      end;
end;

agent ewlinie (n, s, e, w, h1, h2, x1, x2) : (m, i);
begin (nz, ne, nw) := n;
      (sz, se, sw) := s;
      (mz, iz, u) := hb(nz, sz, e, w, h1, h2, x1, x2);
      if | iz |< ε
      then begin m := empty; i := 0
           end
      else begin (me, ie) := ewlinie(ne, se, e, u, h1/2, h2, x1 + h1/2, x2);
                 (mw, iw) := ewlinie(nw, sw, u, s, h1/2, h2, x1−h1/2, x2);
                 i := sum(iz, ie, iw);
                 m := (mz, me, mw)
      end
end;
```

Imperativer Teil (PASCAL-Hauptprogramme)

program sum(input, output);
var $a, b, c :=$ real;
begin read(a, b, c); print $(a + b + c)$
end;

program hb (input, outpunt);
var u, iz : real;
function $f(x1, x2$: real) : real;
begin $:= x1 \times (1 - x1) \times x2 \times (1 - x2)$
end;
begin read($n, s, e, w, h1, h2, x1, x2$);
$u := f(x1, x2)$;
$iz := (mz - (n + s + e + w)/2) * h1 \times h2/4$
print($u - (e + w)/2, iz, u$)
end;

Es würde zu weit führen, Syntax und Semantik dieses Programms detailliert zu erläutern. Der Programmtext soll hier auch nur einen Eindruck vermitteln, wie ein solches Programm aussieht. Einige wenige Bermerkungen sollen ein Grundverständnis des Programms erleichtern:

N, S, W, E stehen für die vier Himmelsrichtungen, $h1, h2$ für Länge und Breite des Gebiets, $x1, x2$ für den Mittelpunkt des Gebiets. Formeln der Form

$$(ez, en, es) = e$$

besagen, daß die Größe e für eine Liste von 3 Elementen ez, en, es steht. Da durch die Rekursion en, es selber wieder als Listen erklärt werden, ergibt sich so die Beschreibung eines Baumes, der in diesem Fall die Funktionswerte am Ostrand des Gebietes in hierarchischer Basisdarstellung enthält.

Die rekursive Struktur des Programms kann nun durch Textersetzung entfaltet werden. Führt man das bis zum Abbruch der Rekursion durch, verbleibt eine Menge von Aufrufen der Pascalprogramme sum und hb. Verbindet man nun je zwei Programme, bei denen Ausgabedaten des 1. Programms als Eingabedaten des 2. Programms vorkommen, so erhält man den Datenflußgraphen. Für die Rekursionstiefe 3 ist dieser Graph in

Fig. 3.6 so dargestellt, daß die parallel ausführbaren Programmaufrufe in einer Zeile stehen. Man kann sich überzeugen, daß die Parallelisierbarkeit voll ausgeschöpft wird.

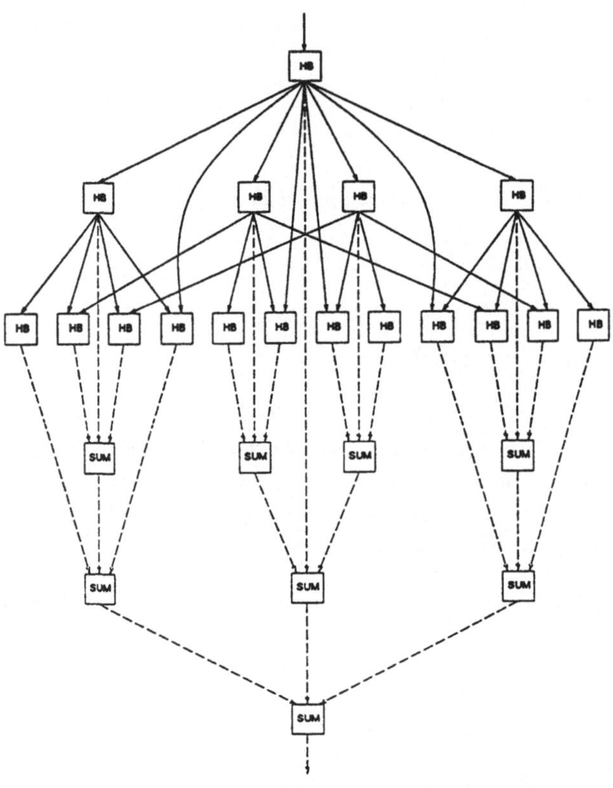

Figur 3.6

Die Ausfaltung des funktionalen Programms in einen Datenflußgraphen kann mit geeigneten Werkzeugen automatisch erfolgen. Solche Werkzeuge sollen im Rahmen des SFB 342 (Methoden und Werkzeuge für parallele Architekturen) an der TU München erstellt werden. Diese Programmiertechnik soll vor allem für Gebietszerlegungsalgorithmen zur Lösung partieller Differentialgleichungen eingesetzt werden. Ein Hauptvorteil dieser Vorgehensweise besteht darin, daß die gesamte Arithmetik in konventionell programmierten Moduln (in unserem

Beispiel PASCAL-Hauptprogramme) enthalten ist und nur die darüberliegende organisatorische Schicht funktional programmiert werden muß. Diese Schicht ist i.a. universaler, da sie z. B. nur die Gebietszerlegungsstrategie beschreibt, nicht aber von der speziell zu lösenden partiellen Differentialgleichung abhängt.

4. Schlußbemerkungen

Die hier niedergelegten Überlegungen sollen zu weiteren Anstrengungen ermutigen, über funktionale Programmierung auch im technisch-wissenschaftlichen Bereich nachzudenken. Solange keine geeigneten Werkzeuge zur Verfügung stehen, hilft diese Technik wenigstens beim Entwurf von Algorithmen, auch wenn diese dann in einer imperativen Sprache ausformuliert werden.

Diese Arbeit stützt sich stark auf die zitierten Vorarbeiten von Ulrich Rüde, dem ich auch für viele Anregungen in diesem Bereich danke. Bei dem in Abschnitt 3 behandelten Algorithmus verdanke ich Thomas Bonk wichtige Anregungen, auch bezüglich der Formulierung der funktionalen Programme. Vorarbeiten für eine funktionale Programmiersprache für numerische Anwendungen wurden in einer Diplomarbeit von Jörg Veit [Vei] geleistet.

Literatur

[Bar 90] H.P. Barendregt: Functional Programming and Lambda Calculus. In: Handbook of Theoretical Computer Science, Volume B edited by Jan van Leeuwen, Elsevier 1990.

[Foe 87] R. Fößmeier and U. Rüde: Operating System Support for Parallel Numerical Software Development, Institut für Informatik, Technische Universität München, vol. I-8712, 1987.

[Foe 88] R. Fößmeier, U. Rüde und Chr. Zenger: Betriebssystem- und Software-Engineering-Aspekte bei parallelen Algorithmen, Kerntechnik 52 (1988), 120-125.

[Pik 84] R. Pike and B.W. Kernighan: Program Design on the Unix System Environment, AT&T Bell Laboratories Technical Journal, vol. 63, 1984.

[Rue 86] U. Rüde und Chr. Zenger: A Workbench for Multigrid Methods, Institut für Informatik, Technische Universität München, vol. I-8607, 1986.

[Vei 90] J. Veit: Entwurf und Implementierung eines Sprachkonzepts zur parallelen Konfiguration numerischer Aufgabenstellungen, Diplomarbeit, Institut für Informatik, Technische Universität München, 1990.

[Zen 90] Chr. Zenger: Sparse grids. In Parallel Algorithms for Partial Differential Equations, Notes on Numerical Fluid Mechanics, Volume 31, Vieweg Braunschweig, 1991.

Eine Kombinationstechnik für die Lösung von Dünn-Gitter-Problemen auf Multiprozessor-Maschinen

Michael Griebel

Technische Universität München
Institut für Informatik
Arcisstraße 21
D-8000 München 2

Zusammenfassung

Wir präsentieren eine neue Methode zur Lösung von partiellen Differentialgleichungen. Im Gegensatz zum üblichen Vorgehen, bei dem im zweidimensionalen Fall $O(h_n^{-2})$ Gitterpunkte verwendet werden, benötigt unsere Kombinationstechnik nur $O(h_n^{-1} ld(h_n^{-1}))$ Gitterpunkte, wobei h_n die jeweilige Gitterweite bezeichnet. Die Genauigkeit der erzielten Lösung sinkt dabei nur leicht von $O(h_n^2)$ auf $O(h_n^2 ld(h_n^{-1}))$, wenn die Lösung des kontinuierlichen Problems genügend glatt ist.

Weiterhin ist die neue Methode hervorragend für die Parallelisierung geeignet. Es müssen $O(ld(h_n^{-1}))$ verschiedene Probleme mit jeweils $O(h_n^{-1})$ Unbekannten gelöst werden, was parallel geschehen kann. Auf einer Maschine mit $ld(h_n^{-1})$ Prozessoren erhalten wir in der Praxis insgesamt eine Parallelkomplexität der Ordnung $O(h_n^{-1})$.

Die Methode läßt sich direkt auf den höherdimensionalen Fall verallgemeinern. Dann ist der im Vergleich zum üblichen Vorgehen zu erwartende Gewinn an Rechenzeit und Speicherplatz noch extremer.

Für den zweidimensionalen Fall berichten wir über die Ergebnisse numerischer Experimente, die auf einem Transputer-System und auf der CRAY Y-MP ausgeführt wurden.

1 Die Kombinationsmethode

Wir betrachten die partielle Differentialgleichung

$$Lu = f \tag{1}$$

auf dem Einheitsquadrat $\bar{\Omega} = [0,1] \times [0,1]$ mit linearem, elliptischen Operator L zweiter Ordnung und geeigneten Randbedingungen.

Das übliche Vorgehen läßt sich folgendermaßen skizzieren: Wir diskretisieren das Problem auf einem äquidistanten Gitter $\Omega_{n,n}$ mit Maschenweite $h_n = 2^{-n}$ in $x-$ und $y-$Richtung durch eine Finite-Element- oder Finite-Differenzen-Methode und lösen das entstehende lineare Gleichungssystem $L_{n,n}u_{n,n} = f_{n,n}$. Falls u genügend glatt ist, erhalten wir eine Lösung $u_{n,n}$ mit einem Fehler $e_{n,n} = u - u_{n,n}$, der von der Ordnung $O(h_n^2)$ ist. Die Lösung des diskreten Systems läßt sich am effektivsten mit der Mehrgittermethode berechnen. Dabei ist die Zahl der benötigten Rechenoperationen, grob gesprochen, von der Ordnung $O(h_n^{-2})$, d.h. proportional zur Zahl der Gitterpunkte.

Statt dessen bilden wir jetzt eine **Linearkombination** diskreter Lösungen des Problems auf verschiedenen rechteckigen Gittern. Sei dazu $\Omega_{i,j}$ das uniforme Gitter auf Ω mit den Maschenweiten $h_i = 2^{-i}$ und $h_j = 2^{-j}$ in $x-$ und $y-$Richtung. Dann definieren wir die Kombinationslösung durch

$$u_{n,n}^c = \sum_{i+j=n+1} u_{i,j} - \sum_{i+j=n} u_{i,j}. \tag{2}$$

Diese Methode wird durch das Beispiel in Abbildung 1 illustriert.

Abbildung 1: Die Linearkombination der Gitter $\Omega_{i,j}$, und der Lösungen $u_{i,j}$, mit i+j=n+1 und i+j=n für n=3.

Somit berechnen wir n verschiedene Probleme $L_{i,j}u_{i,j} = f_{i,j}$, $i+j = n+1$, mit je etwa 2^n Unbekannten sowie $n-1$ verschiedene Probleme $L_{i,j}u_{i,j} = f_{i,j}$, $i+j = n$, mit je etwa 2^{n-1} Unbekannten und kombinieren ihre bilinear interpolierten Lösungen. Damit erhalten wir eine Lösung auf dem sogenannten dünnen Gitter $\Omega_{n,n}^s$ (s. Bild 2) anstatt auf dem üblichen vollen Gitter $\Omega_{n,n}$.

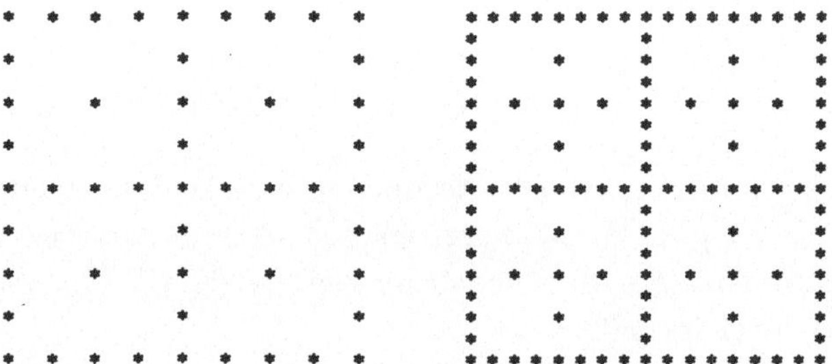

Abbildung 2: Die dünnen Gitter $\Omega^s_{3,3}$ und $\Omega^s_{4,4}$.

2 Eigenschaften der Kombinationsmethode

Insgesamt benötigt der Kombinationsansatz nur $O(h_n^{-1} ld(h_n^{-1}))$ Unbekannte im Gegensatz zu den $O(h_n^{-2})$ Unbekannten des konventionellen vollen Gitters.

Zudem ist die Kombinationslösung $u^c_{n,n}$ fast so genau wie die Standardlösung $u_{n,n}$. Es läßt sich beweisen (s. [GRI90]), daß der Fehler $e^c_{n,n} = u - u^c_{n,n}$ von der Ordnung $O(h_n^2 ld(h_n^{-1}))$ ist, was nur eine geringfügige Verschlechterung im Vergleich zu $O(h_n^2)$ für den Voll-Gitter-Ansatz ist.

Im Beweis nehmen wir an, daß u genügend glatt ist, so daß die Lösung $u_{i,j}$ auf dem Gitter $\Omega_{i,j}$ für jeden festen Punkt $(x,y) \in \Omega$ eine Entwicklung in h_i^2 und h_j^2 der Form

$$u_{i,j} = u + h_i^2 \omega_1(h_i) + h_j^2 \omega_2(h_j) + h_i^2 h_j^2 \omega_3(h_i, h_j) \tag{3}$$

besitzt, wobei ω_1, ω_2, ω_3 geeignete Funktionen sind, für die $|\omega_1(h_i)| \leq c_1 \ \forall i$, $|\omega_2(h_j)| \leq c_2 \ \forall j$, $|\omega_3(h_i, h_j)| \leq c_3 \ \forall i,j$, c_1, c_2, $c_3 \leq C$ gilt, und C eine Konstante ist. Daß diese Voraussetzungen beispielsweise für den Fall des Laplace-Problems mit glatten Dirichlet- oder Neumann-Randbedingungen erfüllt sind, wurde in [RÖS91] gezeigt.

Wenn wir diese Entwicklung in (2) einsetzen, sehen wir, daß die führenden Fehlerterme durch die Kombination der verschiedenen Lösungen ähnlich wie bei einer Extrapolation ausgelöscht werden. Nach kurzer Rechnung erhalten wir die Abschätzung

$$|u - u^c_{n,n}| \leq C \ h_n^2 (1 + 5/4 \ ld(h_n^{-1})) = O(h_n^2 ld(h_n^{-1})). \tag{4}$$

Es läßt sich in bestimmten Fällen sogar zeigen, daß die Kombinationslösung eine Entwicklung der Form

$$u^c_{n,n} = u + h_n^2(\sigma_1 ld(h_n^{-1}) + \sigma_2(h_n)) \tag{5}$$

besitzt, wobei jetzt σ_1 eine Konstante und σ_2 eine geeignete Funktion ist, für die $|\sigma_2(h_n)| \leq C \ \forall n$ gilt. C ist dabei wiederum eine Konstante. Dann wird die Extrapolation von Kombinationslösungen möglich. Ein erster, einfacher Extrapolationsschritt ist mit

$$u^{c,extrapol}_{n,n} = 4/3 \sum_{i+j=n+2} u_{i,j} - 5/3 \sum_{i+j=n+1} u_{i,j} + 1/3 \sum_{i+j=n} u_{i,j}, \tag{6}$$

gegeben. Diese extrapolierte Lösung weist in der Praxis eine Genauigkeit der Ordnung $O(h_n^2)$ auf. Durch den Extrapolationsschritt wird also der $ld(h_n^{-1})$-Term der Entwicklung (5) eliminiert.

Auch weiterführende oder anders geartetete Extrapolationsschritte, beispielsweise getrennte Extrapolation für die x- und y-Richtungen, sind konstruierbar. Analog dazu lassen sich Lösungen mit hoher Genauigkeit durch Extrapolation zuerst auf den einzelnen Gittern $\Omega_{i,j}$ errechnen und anschließend wie in (2) kombinieren.

Die Kombinationsmethode läßt sich auf den dreidimensionalen Fall verallgemeinern. Dann ergibt sich

$$u^c_{n,n,n} = \sum_{i+j+k=n+2} u_{i,j,k} - 2 \sum_{i+j+k=n+1} u_{i,j,k} + \sum_{i+j+k=n} u_{i,j,k}, \tag{7}$$

und wir benötigen lediglich $O(h_n^{-1}(ld(h_n^{-1}))^2)$ statt $O(h_n^{-3})$ Unbekannte wie beim üblichen Voll-Gitter-Ansatz. Die Genauigkeit der Lösung sinkt nur geringfügig von $O(h_n^2)$ auf $O(h_n^2(ld(h_n^{-1}))^2)$. Jetzt müssen $O((ld(h_n^{-1}))^2)$ verschiedene Probleme gelöst werden, wobei die Größe jedes Problems von der Ordnung $O(h_n^{-1})$ ist. Die Verallgemeinerung auf höhere Dimensionen geschieht in analoger Weise.

Die Kombinationstechnik ist nicht auf das Einheitsquadrat beschränkt. Wir haben Probleme mit verzerrten Vierecken, Dreiecken und allgemeineren Gebieten mit polygonalem Rand erfolgreich behandelt. Weiterhin wurden Probleme mit nichtlinearem Operator und Systeme von Differentialgleichungen wie die Stokes-Gleichungen gelöst.

Die Kombinationsmethode funktioniert sogar im Fall nicht glatter Lösungen. Dann müsssen h_i^2 und h_j^2 in (3) zwar durch h_i^α und h_j^β mit geeignetem α und β

ersetzt werden (s. [RÖS91]), die Auslöschung der führenden Fehlerterme durch die Kombinationstechnik findet aber immer noch statt. Für Probleme mit starken Singularitäten ist jedoch eine geeignete Kombination adaptiv verfeinerter Gitter empfehlenswert. Daneben ist auch die Verwendung nicht-äquidistanter Netze möglich, bei denen die Gitterlinien in der Nähe der Singularitäten zusammengezogen sind. Für ein mit der Kombinationsmethode berechnetes Beispiel aus der Strömungsmechanik, einem zeitabhängigen *driven-cavity*-Problem, bei dem solche Netze Verwendung finden, siehe [DUR91].

Schließlich sei noch darauf hingewiesen, daß all die verschiedenen diskreten Probleme, deren Lösungen kombiniert werden müssen, voneinander unabhängig sind und parallel berechnet werden können. Dies wird nun im folgenden ausgenutzt.

3 Parallele Implementierung

Wir haben den Kombinationsalgorithmus auf einem Transputer-System implementiert, das aus einem T800 Prozessor mit 8 MB Speicher und 14 T800 Prozessoren mit 1 MB Speicher besteht. Alle Transputer sind mit 20 MH getaktet und benötigen drei *wait states*. Als Topologie des Transputer-Netzes wurde ein trinärer Baum gewählt. Experimente mit anderen Netztopologien wie Kette, Ring, Array oder Binärbaum ergaben aber faktisch die gleichen Ergebnisse.

Bei der Implementierung der Kombinationsmethode haben wir uns auf einen hochsprachlichen Ansatz in der Konfigurationssprache CDL unter Zuhilfenahme des Task-Force-Managers TFM 2.04 und des Betriebssystems HELIOS 1.2A gestützt. Die Realisierung geschah in direkter Weise: Die einzelnen Probleme (aber auch mehrere) lassen sich je einer Task zuweisen. Deswegen wurde eine Farmstruktur mit einem *master* und *P workern* benutzt. Die Lösung der einzelnen Probleme erfolgt dabei in den *worker*-Tasks durch 10 MG-V-Zyklen mit je einer Gauß-Seidel-Iteration als Vor- und Nachglättungsschritt. Die *master*-Task, in der die Kombinationslösung aufakkumuliert wird, haben wir dem Transputer mit 8 MB Speicher zugewiesen. Die beiden Tasks sind in C geschrieben und für die Kommunikation zwischen ihnen wurden *read*- und *write*-Routinen auf *Posix*-Ebene verwendet. Der gesamte Algorithmus ist in Abbildung 3 zusammengefaßt.

Weiterhin haben wir die Kombinationsmethode auf einer **dedizierten** CRAY Y-MP/8128 in Fortran unter Verwendung der autotasking-Routine cft77 der

```
cdl-script:
    master (, P <> worker)
master:
    Setze u^c_{n,n} = 0;
    anz = (2n − 1)/P; rest = (2n − 1) − anz * P;
    Für i = 0, i < P
    Schicke an worker(i):
    Zahl anz + (i < rest) der Probleme, die vom worker gelöst werden sollen;
    Für k = 0, k < anz + (rest > 0)
        Für i = 0, i < ((k ≠ anz) * P + (k == anz) * rest)
            prb = i + 1 + k * P;
            Schicke an worker(i):
            Problemdaten ((prb − (prb > n) * n),
                          (n − prb + (prb ≤ n) + (prb > n) * n));
        Für i = 0, i < ((k ≠ anz) * P + (k == anz) * rest)
            Empfange vom worker(i):
            Lösung, die vom worker(i) berechnet wurde;
            Akkumuliere sie in der Dünn-Gitter-Lösung u^c_{n,n};
worker:
    Empfange vom master:
    Zahl nrp der Probleme, die vom worker gelöst werden sollen;
    Für k = 0, k < nrp
        Empfange vom master: Problemdaten (i, j);
        Löse das Problem L_{i,j} u_{i,j} = f_{i,j} mit Hilfe eines Mehrgitteralgorithmus;
        Schicke an master: Lösung u_{i,j};
```

Abbildung 3: Ein paralleler Kombinationsalgorithmus.

Compilerversion 4.0 implementiert. Dabei wurde die Lösung jedes Problems durch eine vektorisierte Variante des Mehrgitteralgorithmus berechnet. Die parallele Behandlung der verschiedenen Probleme ist dabei im Code explizit mit der Compilerdirektive CFPP$ CNCALL angegeben.

Im Gegensatz zur vorigen Implementierung in C und HELIOS lösen wir jetzt die Probleme auf den Gittern $\Omega_{i,j}$, $i + j = n + 1$, in einer ersten Schleife, die parallel abgearbeitet wird. Dann addieren wir die erhaltenen Lösungen. Die Probleme auf den Gittern $\Omega_{i,j}$, $i + j = n$, werden in einer zweiter parallelen Schleife behandelt. Schließlich werden diese Lösungen subtrahiert. Diese Vorgehensweise hilft, die Prozessorlasten etwas auszubalanzieren.

4 Numerische Experimente

Wir betrachten das einfache Modellproblem

$$\Delta u = 0 \quad \text{in } \Omega = (0,1) \times (0,1) \tag{8}$$

mit der exakten Lösung $u = \sin(\pi y)\sinh(\pi(1-x))/\sinh(\pi)$ und Dirichlet-Randbedingungen auf $\delta\bar{\Omega}$.

Zunächst zeigen wir, daß die Genauigkeit der Lösung, die mit Hilfe des Kombinationsansatzes berechnet wird, fast genauso gut ist, wie die Genauigkeit der Voll-Gitter-Lösung.

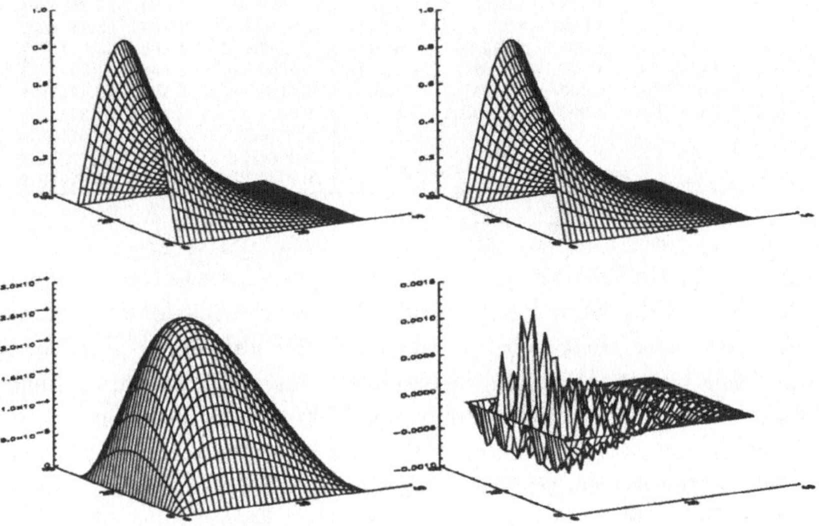

Abbildung 4: $u_{5,5}$ und $e_{5,5}$ (links), $u^c_{5,5}$ und $e^c_{5,5}$ interpoliert auf $\Omega_{5,5}$ (rechts) für das Modellproblem.

Wir sehen in Abbildung 4, daß der Fehler der Lösung $u_{n,n}$, die auf dem vollen Gitter $\Omega_{n,n}$ berechnet wird, und der Fehler, der sich mit der neuen Kombinationstechnik ergibt, von verschiedener Gestalt sind. Im ersten Fall ist der Fehler glatt, im zweiten Fall oszilliert er. Dabei ist zu beachten, daß die Fehler in Abbildung 4 nicht gleich skaliert sind. Der Fehler der Kombinationslösung ist um einen Faktor 2-3 größer.

Tabelle 1 zeigt das punktweise Verhalten des Fehlers, der sich bei der Lösung auf dem vollen Gitter einerseits und mit der Kombinationstechnik andererseits ergibt. Hier betrachten wir nur die Punkte P1=(0.5,0.5) and P2=(0.25,0.25). Der Fehler in anderen Punkten sowie die L_2- und L_∞-Normen des Fehlers verhalten sich analog.

Tabelle 1: Punktweiser Fehler, volles Gitter links, Kombinationslösung rechts.

n	$e_{n,n}(\frac{1}{2},\frac{1}{2})$	$\frac{\lvert e_{n-1,n-1}\rvert}{\lvert e_{n,n}\rvert}$	$e_{n,n}(\frac{1}{4},\frac{1}{4})$	$\frac{\lvert e_{n-1,n-1}\rvert}{\lvert e_{n,n}\rvert}$	$e^c_{n,n}(\frac{1}{2},\frac{1}{2})$	$\frac{\lvert e^c_{n-1,n-1}\rvert}{\lvert e^c_{n,n}\rvert}$	$e^c_{n,n}(\frac{1}{4},\frac{1}{4})$	$\frac{\lvert e^c_{n-1,n-1}\rvert}{\lvert e^c_{n,n}\rvert}$
1	7.4268E-2	-	-	-	7.4268E-2	-	-	-
2	1.5498E-2	4.792	1.3252E-2	-	9.9913E-3	7.433	-	-
3	3.7333E-3	4.151	3.1526E-3	4.204	1.2929E-3	7.727	6.1846E-3	-
4	9.2504E-4	4.036	7.7889E-4	4.048	5.5787E-5	23.176	1.2064E-3	5.126
5	2.3075E-4	4.009	1.9415E-4	4.012	-5.1448E-5	1.084	2.2655E-4	5.325
6	5.7655E-5	4.002	4.8503E-5	4.003	-2.9150E-5	1.764	3.8414E-5	5.897
7	1.4412E-5	4.001	1.2123E-5	4.001	-1.1357E-5	2.566	5.0772E-6	7.566
8	3.6028E-6	4.000	3.0307E-6	4.000	-3.8568E-6	2.944	1.3935E-7	3.643
9	9.0070E-7	4.000	7.5768E-7	4.000	-1.2186E-6	3.165	-2.4756E-7	0.562
10	2.2517E-7	4.000	1.8942E-7	4.000	-3.6824E-7	3.309	-1.3249E-7	1.868
11					-1.0796E-7	3.410	-5.0770E-8	2.609
12					-3.0964E-8	3.486	-1.7105E-8	2.968
13					-8.7346E-9	3.544	-5.3792E-9	3.179

Für eine glatte Lösung auf einem regulären vollen Gitter wissen wir aus der Theorie, daß die Konvergenzrate des Diskretisierungsfehlers von der Ordnung $O(h_n^2)$ ist. Das zeigt sich im linken Teil der Tabelle 1. Für die Lösung, die mit dhnik berechnet wurde, erwarten wir einen Diskretisierungsfehler der Ordnung $O(h_n^2 ld(h_n^{-1}))$. Der Einfluß des ld-Terms läßt sich im rechten Teil der Tabelle 1 sehen. Trotzdem ist der Fehler fast genauso klein wie der Fehler auf dem zugehörigen vollen Gitter. Es sei aber daran erinnert, daß die Zahl der Gitterpunkte und somit die Zahl der Rechenoperationen, die zur Lösung der verschiedenen Probleme mit Hilfe einer Mehrgittermethode nötig sind, für das volle Gitter von der Ordnung $O(h_n^{-2})$ und für die Kombinationstechnik nur von der Ordnung $O(h_n^{-1} ld(h_n^{-1}))$ ist.

Nun kommen wir zu den Ergebnissen der parallelen Version unseres Algorithmus, die auf dem Transputer-System implementiert wurde. Wie schon erwähnt wurde, verwenden wir für die Lösung jedes einzelnen Problems eine Mehrgittermethode (10 V-Zyklen mit einem Vor- und einem Nachglättungsschritt durch Gauß-Seidel-Iteration). Somit ist der Rechenaufwand der parallelen *worker*-Tasks von der gleichen Ordnung wie die Kosten für die Versendung jeder berechneten Lösung zur *master*-Task. Deswegen ist das einfache Laplace-Problem ein relativ schwieriges Testbeispiel für das parallele Laufzeitverhalten unseres Algorithmus. Weitere Experimente mit komplizierteren partiellen Differentialgleichungen und Systemen von Differentialgleichungen wie das Stokes-Problem ergaben analoge Ergebnisse.

Tabelle 2: Zeiten (in Sek.) für den Kombinationsalgorithmus auf $\Omega^s_{n,n}$ mit P Transputern

$P\backslash n$	1	2	3	4	5	6	7	8	9	10	11	12	13	14
1	0.02	0.10	0.30	0.72	1.52	3.20	6.78	14.65	31.95	70.60	155.65	344.02	754.43	1652.04
2	0.03	0.08	0.22	0.45	0.90	1.75	3.79	7.75	17.30	36.77	83.32	178.26	397.85	849.14
3	0.06	0.11	0.22	0.45	0.74	1.62	3.72	7.18	16.25	35.81	74.74	167.20	383.03	796.53
4	0.09	0.12	0.26	0.40	0.76	1.33	3.04	5.97	13.35	27.63	63.34	133.57	296.65	623.43
5	0.11	0.15	0.24	0.38	0.64	1.29	2.42	4.92	11.00	22.81	52.01	110.98	237.15	534.63
6	0.13	0.17	0.25	0.43	0.67	1.04	2.24	4.49	9.34	21.31	44.90	91.95	210.49	450.66
7	0.14	0.19	0.28	0.37	0.62	1.07	1.77	4.09	8.54	18.45	37.69	87.21	184.71	374.45
8	0.16	0.20	0.30	0.38	0.65	1.09	1.74	3.22	7.48	16.24	36.70	76.26	171.85	366.33
9	0.18	0.23	0.32	0.41	0.56	0.99	1.82	3.25	6.13	14.48	32.15	73.44	154.46	315.88
10	0.21	0.25	0.34	0.43	0.58	1.03	1.86	3.29	6.16	11.93	28.63	64.43	147.35	312.00
11	0.22	0.27	0.37	0.45	0.60	0.84	1.67	3.31	6.19	11.95	23.62	57.37	129.43	296.87
12	0.26	0.29	0.39	0.48	0.62	0.86	1.70	3.31	6.23	12.00	23.67	47.44	115.36	261.10
13	0.28	0.32	0.41	0.50	0.64	0.89	1.38	3.00	6.23	12.03	23.70	47.50	95.67	232.60
14	0.30	0.34	0.44	0.53	0.67	0.91	1.41	3.01	6.14	12.09	23.76	47.57	95.72	193.06

In der ersten Zeile von Tabelle 2 ($P = 1$) sehen wir, daß unser Algorithmus im sequentiellen Fall ein $O(h_n^{-1} ld(h_n^{-1}))$-Laufzeitverhalten aufweist.

Für $P = 2n - 1$ erhalten wir insgesamt die besten Zeiten, denn jetzt wird jedes Problem auf einem einzigen Prozessor gelöst. Da die Probleme auf $\Omega_{i,j}$ für $i + j = n + 1$ jedoch etwa zweimal soviel Unbekannte besitzen wie für $i + j = n$, ist etwa die Hälfte der Prozessoren zum Teil unbeschäftigt. Für eine effiziente Auslastung der Maschine ist $P = n$ die beste Wahl. Abbildung 5 zeigt den dann erreichten Speedup und die erzielte Effizienz.

Für das von uns gewählte Vorgehen, bei dem HELIOS verwendet wird, ist eine Effizienz von 50 bis 61 Prozent ein relativ gutes Ergebnis. Diese Verringerung der Effizienz ist hauptsächlich dem durch das Betriebssystem verursachten Overhead zuzuschreiben. Für eine direkte Implementierung in Occam kann man eine deutlich höhere Effizienz erwarten. Andere Lastverteilungsstrategien, wie etwa eine Zuordnung von je einem der Probleme auf $\Omega_{i,j}$, $i + j = n + 1$, zu einem Prozessor und jeweils zwei der Probleme auf $\Omega_{i,j}$, $i + j = n$, zu einem Prozessor ergab ähnliche Ergebnisse.

Weiterhin läßt sich an den Diagonaleinträgen der Tabelle 2 sehen, daß unser

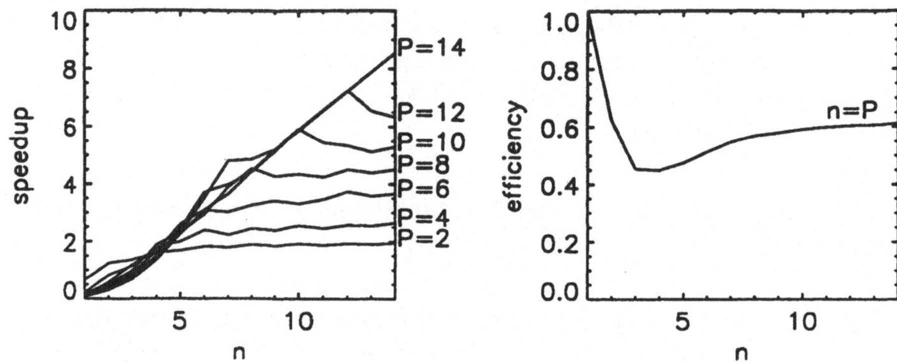

Abbildung 5: Speedup für verschiedene P und Effizienz für $n = P$.

Kombinationsalgorithmus, zumindest in der Praxis, eine Parallelkomplexität von nur $O(h_n^{-1})$ besitzt, wenn $ld(h_n^{-1})$ Prozessoren zur Verfügung stehen. Die Kommunikationskosten fallen also kaum ins Gewicht.

Diese Ergebnisse müssen mit den Resultaten des Standardvorgehens verglichen werden, bei dem das volle Gitter verwendet wird. Tabelle 3 zeigt die gemessenen Zeiten eines Mehrgitteralgorithmus für die Lösung auf dem vollen $O(h_n^{-2})$-Gitter, der sequentiell auf einem T800 mit 8 MB Speicher ausgeführt wurde. Wir verwendeten dabei wieder 10 V-Zyklen mit einem Vor- und Nachglättungsschritt.

Tabelle 3: Zeiten für Standard-Mehrgitteralgorithmus auf $\Omega_{n,n}$ in sequentiellem Modus auf einem Prozessor.

n	1	2	3	4	5	6	7	8	9	10
Sek.	0.01	0.05	0.16	0.52	1.95	7.78	31.68	129.26	526.56	2125.41

Die Zahlen in Tabelle 3 zeigen das $O(h_n^{-2})$-Verhalten des konventionellen Ansatzes deutlich. Vergleichen wir dies mit den Ergebnissen in Tabelle 2, dann sehen wir die Überlegenheit der Kombinationstechnik direkt. Beispielsweise benötigt die Lösung des Problems auf dem Gitter $\Omega_{10,10}$ mit dem sequentiellen Mehrgitteralgorithmus 2125.41 Sekunden. Mit der Kombinationsmethode erhalten wir für $n = 11$ mindestens die gleiche Genauigkeit. (Der Wert $n = 11$ statt $n = 10$ trägt dem zusätzlichen ld-Term in der Genauigkeit Rechnung.) Die Lösung mit 11 Prozessoren (plus einem Prozessor für die master-Task) benötigt nur 23.62

Sekunden, was etwa 90 mal schneller ist.

Die Ergebnisse für die parallele Kombinationstechnik sind allgemein um einen Faktor der Ordnung $O(h_n^{-1})$ besser als für die Voll-Gitter-Methode in sequentieller Version. Natürlich läßt sich der Standard-Mehrgitteralgorithmus auf $\Omega_{n,n}$ durch eine Parallelimplementierung beschleunigen. Die guten Ergebnisse von Tabelle 2 können dann allerdings auf Grund des Flaschenhalses, der bei der Parallelisierung auf den groben Gittern auftritt, nicht erreicht werden.

Nun kommen wir zu den Resultaten, die auf der CRAY Y-MP/8128 erzielt wurden. Für die parallele Version des Kombinationsalgorithmus (parallele Behandlung der verschiedenen Probleme durch explizite Compilerdirektiven), der auf einer **dedizierten** CRAY Y-MP/8128 mit 8 Prozessoren ausgeführt wurde, haben wir die in Tabelle 4 aufgeführten Laufzeiten gemessen. Hier müssen die Einträge jeder Spalte mit dem zugehörigen Faktor in der zweiten Spalte multipliziert werden.

Tabelle 4: Zeiten (in Sek.) für den parallelen Kombinationsalgorithmus auf $\Omega^s_{n,n}$ für CRAY mit P verwendeten Prozessoren.

$P\backslash n$	1	2	3	4	5	6	7	8	9	10	11	12	13	14
×	10^{-4}	10^{-3}	10^{-3}	10^{-3}	10^{-3}	10^{-3}	10^{-2}	10^{-2}	10^{-2}	10^{-2}	10^{-2}	10^{-1}	10^{-1}	10^{-1}
1	$\underline{1.87}$	1.52	4.78	10.9	22.1	35.9	5.91	9.67	15.7	26.8	47.2	8.78	17.1	34.4
2	1.87	$\underline{1.00}$	3.03	6.07	11.0	18.8	3.15	5.06	8.12	13.7	25.5	4.55	8.81	17.6
3	1.87	1.00	$\underline{2.17}$	4.73	8.69	13.4	2.14	3.56	5.55	10.0	17.2	3.08	6.11	12.4
4	1.87	1.00	2.04	$\underline{3.55}$	6.78	11.4	1.75	2.60	4.36	7.67	13.3	2.33	4.96	9.97
5	1.87	1.02	2.09	3.55	$\underline{0.84}$	10.2	1.47	2.30	3.58	5.97	10.6	2.09	4.02	7.72
6	1.87	1.05	2.10	3.58	5.52	$\underline{8.42}$	1.41	2.13	3.48	5.80	9.32	1.63	3.65	6.96
7	1.87	1.07	2.16	3.62	5.53	8.42	$\underline{1.28}$	1.82	2.91	4.70	8.84	1.58	2.86	5.52
8	1.87	1.09	2.19	3.64	5.55	8.55	1.22	$\underline{1.78}$	$\underline{2.80}$	$\underline{4.67}$	$\underline{7.99}$	$\underline{1.47}$	$\underline{2.75}$	$\underline{5.42}$

Die gemessenen Megaflops pro *wall*-Sekunde zeigt Tabelle 5.

Für die parallele Version unseres Algorithmus erhalten wir die besten Zeiten und Megaflops-Raten im Fall $n \leq 8$ (hauptsächlich) für $P \geq n$. Im Fall $n \geq 8$ erhalten wir die besten Zeiten und Megaflops-Raten natürlich für $P = 8$.

Weiterhin wird für $P \geq n$ ein relativ guter Speedup erzielt. Damit ist die Effizienz für $P = n$ optimal. Tabelle 6 zeigt den Speedup und die Effizienz für $P = n$ mit $n < 8$ und für $P = 8$ mit $n \geq 8$.

Insgesamt erhalten wir auf der CRAY schnelle Laufzeiten und einen relativ guten Speedup (z.B. mit 8 Prozessoren 5.43 für $n = 8$ und 6.35 für $n = 14$). Auch die erreichte Effizienz (z.B. mit 8 Prozessoren 67.9 für $n = 8$ und 79.4 für

Tabelle 5: Megaflops-Raten für den parallelen Kombinationsalgorithmus auf $\Omega^s_{n,n}$ für CRAY mit P verwendeten Prozessoren.

$P\backslash n$	1	2	3	4	5	6	7	8	9	10	11	12	13	14
1	0.01	0.11	0.27	0.73	0.53	4.86	11.75	22.32	39.69	63.07	91.47	120.3	143.8	160.8
2	0.01	0.10	0.37	1.02	1.49	5.53	11.86	24.67	48.55	87.26	134.9	200.4	244.5	298.7
3	0.02	0.11	0.38	1.02	2.45	5.85	12.66	26.28	55.08	101.6	152.9	259.3	349.4	416.2
4	0.02	0.11	0.37	1.02	2.44	5.69	12.74	27.97	46.74	105.5	200.9	320.3	413.9	505.0
5	0.02	0.11	0.36	1.01	2.45	5.71	10.68	26.51	61.35	121.3	218.8	343.2	484.6	627.8
6	0.02	0.11	0.37	1.03	1.79	5.36	13.25	29.56	59.74	105.9	224.9	392.1	508.4	682.4
7	0.01	0.10	0.37	1.01	2.46	5.79	13.05	29.48	62.76	128.5	234.0	398.0	589.9	808.5
8	0.02	0.10	0.36	0.98	2.36	5.57	12.82	28.48	60.41	122.3	216.9	394.8	624.2	832.7

Tabelle 6: Speedup und Effizienz für den parallelen Kombinationsalgorithmus für CRAY auf $\Omega^s_{n,n}$ mit $P = n$ bzw. P=8 Prozessoren.

	$P = n$							$P = 8$						
n	1	2	3	4	5	6	7	8	9	10	11	12	13	14
Speedup	1	1.52	2.24	3.07	3.23	4.26	4.62	5.43	5.61	5.74	5.91	5.97	6.22	6.35
Effizienz	100	76.5	74.7	76.8	64.6	71.0	66 .0	67.9	70.1	71.8	73.9	74.6	77.8	79.4

$n = 14$) ist akzeptabel. Somit stellt sich zumindest für die hier betrachteten Werte von n auf der CRAY keine ganz so große Verschlechterung des Speedup und der Effizienz durch das Betriebssystem ein, wie es für die HELIOS-Implementierung auf dem Transputer-System der Fall war.

Der Gewinn, der durch die Parallelisierung möglich ist, verhält sich im Prinzip analog zu den Ergebnissen der Transputer-Implementierung. Allerdings werden Laufzeiten erzielt, die um mehrere Größenordnungen schneller sind. Dies liegt natürlich an der Überlegenheit der CRAY-Prozessoren und ihrer Vektoreinheiten.

Sollen nun aber drei- oder höherdimensionale Probleme mit größeren Werten für n behandelt werden, dann ist für die CRAY die relativ geringe Zahl verfügbarer Prozessoren im Vergleich zu der möglichen massiven Parallelität eines Transputer-Systems sicherlich ein großer Nachteil. Für die Zukunft optimal wäre aus der Sicht der Kombinationsmethode ein System mit hoher Prozessorzahl und verteiltem Speicher, dessen Prozessoren skalar sehr schnell sind und zudem Vektorverarbeitung erlauben.

5 Literatur

[DUR91] B. Durst, "Numerische Simulation einer periodischen Nischenströmung unter Verwendung dünner Gitter", Diplomarbeit, TU-München, Institut für Informatik, 1991.

[GRI90] M. Griebel, M. Schneider, C. Zenger, "A combination technique for the solution of sparse grid problems", TU München, Institut für Informatik, TUM-I9038, SFB-Report 342/19/90 A, 1990, auch in Proc. IMACS91, 2.-4. April 1991, Brüssel, Elsevier, North-Holland.

[RÖS91] D. Röschke, "Asymptotische Fehlerentwicklungen für das Laplace-Problem bei Gittern mit nicht-äquidistanten Maschenweiten", Diplomarbeit, TU-München, Institut für Informatik, 1991.

Parallelisierung und Vorkonditionierung des CG-Verfahrens durch Gebietszerlegung

Gundolf Haase und Ulrich Langer
TU Chemnitz, FB Mathematik
Postfach 964, D-O-9010 Chemnitz

Arnd Meyer
Institut für Mechanik
Postfach 408, D-O-9010 Chemnitz

Zusammenfassung

Gebietszerlegungstechniken eröffnen eine Vielzahl von Möglichkeiten zur Entwicklung paralleler Lösungsstrategien für Finite-Elemente (F.E.) Gleichungen großer Dimension. Die auf der nichtüberlappenden Gebietszerlegung beruhende F.E. Substrukturtechnik und die damit verbundene Datenverteilung führt zu einer Parallelisierung des CG-Verfahrens, die sich besonders für Mehrprozessorrechner mit lokalem Speicher und Botschaftenaustausch über Links eignet. Für diese parallelisierte Version des CG-Verfahrens werden im vorliegenden Beitrag vier verschiedene Vorkonditionierungen vorgeschlagen, mit denen die Konvergenz des CG-Verfahrens erheblich beschleunigt werden kann, ohne daß im Vergleich zur nichtvorkonditionierten Variante zusätzliche Kommunikation entsteht. Die auf einem Transputerhypercube durchgeführten numerischen Experimente zeigen die Effektivität der vorgeschlagenen Vorkonditionierungen.

Key words: elliptic problems, finite elements, substructuring, domain decomposition, Schwarz' methods, preconditioners, parallel algorithms

AMS (MOS) subject classification: 65N55, 65N22, 65F10, 65Y05, 65Y10, 65F35

1 Einleitung

In den letzten Jahren hat die Parallelrechentechnik eine rasante Entwicklung durchlaufen. Mehrprozessorrechner mit einer beträchtlichen Anzahl an Prozessoren sind z.B. in Form von Transputersystemen kostengünstig auf dem Markt zu erwerben. Im krassen Gegensatz dazu steht die Entwicklung der Software insbesondere der Applikationssoftware. Die Schaffung paralleler Algorithmen in der Finite-Elemente (F.E.) Simulation ist dabei sicherlich ein Schwerpunkt in der angewandten mathematischen Forschung. Gebietszerlegungstechniken eröffnen hierbei eine Vielzahl von Möglichkeiten zur Parallelisierung von F.E. Software. Die nichtüberlappende Gebietszerlegung ist in der FEM unter dem Namen F.E. Substrukturtechnik wohlbekannt und wurde seit Anfang der 60-er Jahre zur effizienten Erstellung von F.E. Modellen und zur Lösung des F.E. Gleichungssystems auf Rechnern mit beschränktem Hauptspeicher genutzt (siehe z.B. [Prz63]).

Aber bereits 100 Jahre vor dem Einzug der F.E. Substrukturtechnik in die Ingenieurwissenschaften benutzte H. Schwarz eine überlappende Gebietsdekomposition zum konstruktiven Beweis der Existenz harmonischer Funktionen in nichtglatt berandeten Gebieten Ω, die sich als Vereinigung zweier einfacherer, sich überlappender Gebiete Ω_1 und Ω_2, für die die Existenz bekannt ist, darstellen lassen [Sch90]. In dem heute nach Schwarz benannten Iterationsverfahren wird das Randwertproblem (RWP) alternierend in Ω_1 und Ω_2 gelöst, wobei die Randwerte jeweils von der vorhergehenden Iterierten abgenommen werden. S.L. Sobolev gab in [Sob36] die Variationsformulierung der alternierenden Schwarzschen Methode und eröffnete damit die Möglichkeit zu einer allgemeinen Analyse dieses Verfahrens. Der Iterationsoperator der alternierenden Schwarzschen Methode läßt sich als Produkt von Orthoprojektoren darstellen. Wir nennen deshalb das alternierende Schwarzsche Iterationsverfahren im weitern Multiplikative Schwarzsche Methode (MSM). Umfangreiche Untersuchungen zur MSM findet der Leser in den Arbeiten von P.L. Lions [Lio90].

Jeder Zerlegung $\mathbf{V} = \mathbf{V}_1 + \ldots + \mathbf{V}_p$ des energetischen Raums $\mathbf{V} = \mathbf{V}_0$ oder des F.E. Unterraums $\mathbf{V} = \mathbf{V}_h$ in p Teilräume läßt sich durch das Iterationsschema

$$u^{k+1} = (I - \tau P)u^k + \tau Pu \; ; \quad k = 0, 1, \ldots \; ; \quad u^0 \in \mathbf{V} \tag{1.1}$$

eine MSM ($P = (I - P_p)\ldots(I - P_1)$) oder eine ASM ($P = P_1 + \ldots + P_p$)

zuordnen, wobei τ ein geeignet gewählter Iterationsparameter ist und $P_i : \mathbf{V} \longrightarrow \mathbf{V}_i$ die Orthoprojektoren in $\mathbf{V}_i$ bzgl. des energetischen Skalarproduktes bezeichnen. Die Additive Schwarzsche Methode (ASM) wurde von M. Dryja und O. Widlund mit Blick auf eine prinzipielle Verbesserung der Parallelisierbarkeit von Schwarzschen Methoden zur Lösung von F.E. Gleichungen vorgeschlagen [DW87]. In Abhängigkeit von der Wahl der Zerlegung des F.E. Raumes $\mathbf{V} = \mathbf{V}_h$ ergeben sich somit eine Vielzahl von Möglichkeiten zur Konstruktion von ASM (siehe [BMS91, DW90, DW91, Xu90] und die dort zitierten Literaturangaben). In der Praxis verwendet man jedoch ausschließlich das CG-Verfahren zur Beschleunigung der ASM als Verfahren der einfachen Iteration. In diesem Sinne betrachten wir die ASM wie auch die MSM als Methoden zur Konstruktion und Analyse von Vorkonditionierungen für das CG-Verfahren als parallelen iterativen Solver von F.E. Gleichungen. Eine Vielzahl von interessanten Arbeiten zu dieser Thematik findet man in den Sammelbänden [CGPW89, CGPW90, GGMP88, Hac91].

Im vorliegenden Beitrag basieren die Ergebnisse zur MSM,ASM und den dazugehörigen Vorkonditionierungsoperatoren auf einer Zerlegung des Gebiets Ω in p sich nicht überlappende Teilgebiete $\Omega_1, \ldots, \Omega_p$ und einer damit verbundenen Zerlegung des F.E. Raumes $\mathbf{V}$ in die Teilräume $\widetilde{\mathbf{V}}_C$ der näherungsweise diskret harmonischen F.E. Funktionen und $\widetilde{\mathbf{V}}_I = \mathbf{V}_{I,1} \oplus \ldots \oplus \mathbf{V}_{I,p}$ aller F.E. Funktionen, die auf den Koppelrändern $\Gamma_C = \bigcup_{i=1}^{p} \partial\Omega_i \setminus \Gamma_D$ verschwinden, wobei Γ_D der Dirichlet-Teil des Randes $\Gamma = \partial\Omega$ ist. Diese Zerlegung wurde von den Autoren in [HLM90] eingeführt und steht in engen Zusammenhang mit der klassischen F.E. Substrukturtechnik. Im Abschnitt 2 der vorliegenden Arbeit betrachten wir deshalb die klassische F.E. Substrukturtechnik und verbinden sie mit der diskret harmonischen Basis. Auf der Grundlage einer mit der klassischen F.E. Substrukturtechnik verbundenen Datenverteilung wird im Abschnitt 3 eine parallelisierte Version des CG-Verfahrens vorgestellt. In der nichtvorkonditionierten Variante, die auf K.H. Law [Law89] zurückgeht, wird eine Kommunikation zwischen den Prozessoren nur zur vollständigen Berechnung der Skalarprodukte und zu einem lokalen Datenaustausch über die Koppelränder hinweg benötigt. Der zuletzt genannte Datenaustausch betrifft nur Daten der Koppelränder und ist folglich im Vergleich zum Gesamtdatenvolumen eine Ordnung kleiner. Von einem Vorkonditionierungsoperator C werden wir deshalb unter anderem verlangen, das der Kommunikationsaufwand gegenüber dem nichtvorkonditionierten Fall $C = I$ nicht erhöht wird. Vorkonditionierungsoperatoren, die dieser Forderung entsprechen stellen wir im Abschnitt 4 vor: Die einfache DD[1]-Vorkonditionierung (Abschnitt 4.1), die ASM-DD-Vorkonditionierung (Abschnitt 4.2), die MSM-DD-Vorkonditionierung (Abschnitt 4.3) und die hierarchische DD-Vorkonditionierung (Abschnitt 4.4). Die hierarchische DD-Vorkonditionierung ist algebraisch äquivalent zur hierachischen Vorkonditionierung von H. Yserentant [Yse86b] und nutzt die Gebietszerlegung nur zur Datenaufteilung. Im abschließenden 5. Abschnitt werden einige Anwendungen auf elliptische RWA für partielle Differentialgleichungen (Dgl.) zweiter Ordnung gegeben und einige Resultate von numerischen Experimenten auf einem Transputerhypercube dargestellt.

2 Die Finite-Elemente-Substrukturtechnik und die diskrete harmonische Basis

Wir betrachten zunächst ein abstraktes, symmetrisches, $\mathbf{V}_0$-elliptisches und $\mathbf{V}_0$-beschränktes Variationsproblem der Form (2.1),

$$\textit{Finde} \quad u \in \mathbf{V}_0 : \quad a(u,v) = < F, v > \quad \forall v \in \mathbf{V}_0 \quad , \tag{2.1}$$

welches bei der schwachen Formulierung eines symmetrischen, gleichmäßig elliptischen RWP für eine partielle Dgl. zweiter Ordnung oder für ein System derartiger Dgl. in einem d-dimensionalen (d = 2,3), beschränkten Gebiet Ω mit stückweise glattem Rand $\Gamma = \partial\Omega$ entsteht. Wir zerlegen nun Ω in p sich nichtüberlappende Teilgebiete Ω_i $(i = 1, 2, \ldots, p)$, die wir im weiteren auch Substrukturen oder Superelemente nennen wollen, so daß $\overline{\Omega} = \bigcup_{i=1}^{p} \overline{\Omega}_i$ und $\Omega_i \cap \Omega_j = \emptyset$ für $i \neq j$. Jedes Teilgebiet $\overline{\Omega}_i$ wird nun seinerseits in finite Elemente $\overline{\delta}_r$ unterteilt, so daß die gesamte Diskretisierung von $\overline{\Omega}_i$ eine reguläre, konforme Triangularisierung ergibt [Cia78]. Im weiteren bezeichnen die Indizes " C " und " I " jeweils Größen, die zu den Knoten des Koppelrandes $\Gamma_C = \bigcup_{i=1}^{p} \partial\Omega_i \setminus \Gamma_D$ bzw. zu den inneren Knoten der Teilgebiete $\Omega_1,\ldots,\Omega_p$ gehören. Hierbei ist Γ_D immer der Dirichlet-Rand mit entsprechenden Modifikationen im Falle von Differentialgleichungssysteme.

[1]DD = Domain Decomposition (Gebietszerlegung)

Zur Illustration der Gebietszerlegung betrachten wir ein "ringförmiges" Gebiet Ω (siehe Bild 2.1) und zerlegen es in die 8 Einheitsquadrate Ω_1 bis Ω_8. Wie im Bild 2.1 gezeigt wird, unterteilen wir nun jedes Einheitsquadrat gleichmäßig in rechteckige, dreiknotige (lineare) Dreieckselemente. Im Abschnitt 5.2 dienen uns die Poisson-Gleichung und das lineare Elastizitätsproblem (ebener Verzerrungszustand) im ringförmigen Gebiet Ω mit wesentlichen Randbedingungen auf Γ_D als Modellbeispiel für numerische Experimente.

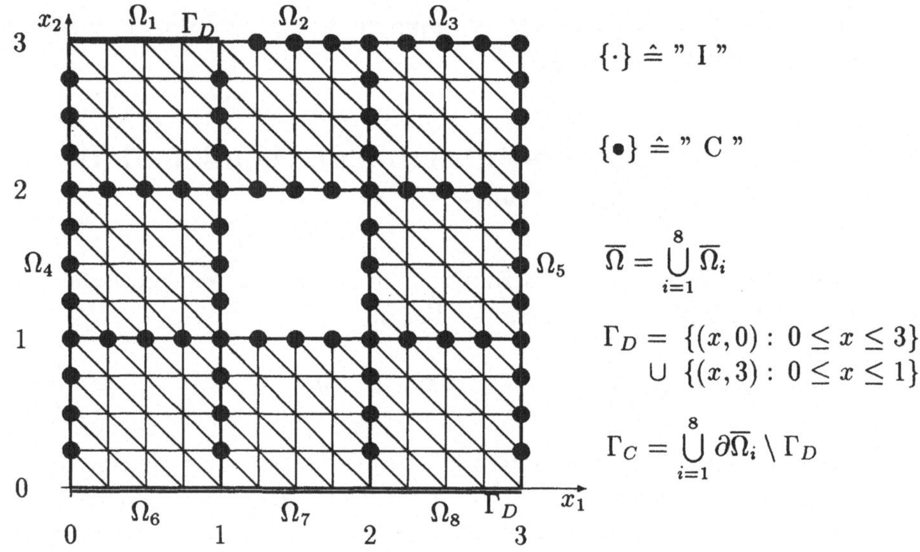

Abbildung 2.1: Gebietszerlegung und Verenetzung (Level 2) des ringförmigen Gebietes Ω.

Es sei

$$\Phi = \left\{ \varphi_1, \cdots, \varphi_{N_C}, \varphi_{N_C+1}, \cdots, \varphi_{N_C+N_{I,1}}, \cdots, \varphi_{N=N_C+N_I} \right\} \quad , \tag{2.2}$$

die in der FEM übliche Knotenbasis, wobei die ersten N_C Basisfunktionen zu den Knoten des Koppelrandes Γ_C, die nächsten $N_{I,1}$ Basisfunktionen zu den inneren Knoten von Ω_1, die nächsten $N_{I,2}$ zu Ω_2 u.s.w. gehören. Folglich gilt:

$N_I = N_{I,1} + \cdots + N_{I,p}$. Der F.E. Unterraum

$$\mathbf{V} = \mathbf{V}_h = span(\Phi) = span(\Phi V) = \mathbf{V}_C + \mathbf{V}_I \subset \mathbf{V}_0 \tag{2.3}$$

kann offenbar als direkte Summe der Unterräume $\mathbf{V}_C = span(\Phi V_C)$ und $\mathbf{V}_I = span(\Phi V_I)$ dargestellt werden, wobei

$$V = (V_C\ V_I) = I = \begin{pmatrix} I_C & O \\ O & I_I \end{pmatrix}_{N\times N}, V_C = \begin{pmatrix} I_C \\ O \end{pmatrix}_{N\times N_C} \quad \text{und} \quad V_I = \begin{pmatrix} O \\ I_I \end{pmatrix}_{N\times N_I}$$

und h den üblichen Diskretisierungsparameter bezeichnet. Der F.E. Isomorphismus zwischen einer F.E. Funktion $u \in \mathbf{V}$ und dem dazugehörigen Vektor $\underline{u} = \left(\underline{u}_C^T, \underline{u}_I^T\right)^T \in \mathbf{R}^N$ der Knotenparameter ist durch die Zuordnung

$$\mathbf{V} \ni u = \Phi V \underline{u} = \Phi \underline{u} \quad \stackrel{\Phi}{\longleftrightarrow} \quad \underline{u} \in \mathbf{R}^N \quad , \tag{2.4}$$

gegeben.

Die F.E. Approximation

$$\begin{array}{c} \text{Finde} \quad u = \Phi V \underline{u} \in \mathbf{V} : \\ a(\Phi V \underline{u}, \Phi V \underline{v}) =< F, \Phi V \underline{u} > \ \forall v = \Phi V \underline{v} \in \mathbf{V} \end{array} \tag{2.5}$$

der Variationsgleichung (2.1) führt bei einmal gewählter Basis Φ von $\mathbf{V}$ unmittelbar auf das System

$$K\,\underline{u} \;=\; \underline{f} \tag{2.6}$$

der F.E. Gleichungen zur Bestimmung des unbekannten Vektors $\underline{u} \in \mathbf{R}^N$ der Knotenparameter. Die Steifigkeitsmatrix K und der Lastvektor $\underline{f}$ werden entsprechend durch die Identitäten

$$(K\underline{u}, \underline{v}) = (V^T K V \underline{u}, \underline{u}) = a(\Phi V \underline{u}, \Phi V \underline{v}) \quad \forall \underline{u}, \underline{v} \in \mathbf{R}^N \tag{2.7}$$

und

$$(\underline{f}, \underline{v}) = (\underline{f}, V \underline{u}) = < F, \Phi V \underline{v} > \quad \forall \underline{v} \in \mathbf{R}^N , \tag{2.8}$$

definiert. Hier und im weiteren bezeichnet $(\cdot,\cdot)$ das übliche Euklidische Skalarprodukt. Die Anordnung der Basisfunktionen (2.2) hat zur Folge, daß das Gleichungssystem (2.6) in der Blockform

$$\begin{pmatrix} K_C & K_{CI} \\ K_{IC} & K_I \end{pmatrix} \begin{pmatrix} \underline{u}_C \\ \underline{u}_I \end{pmatrix} = \begin{pmatrix} \underline{f}_C \\ \underline{f}_I \end{pmatrix} \quad , \tag{2.9}$$

geschrieben werden kann. Die Matrix K_I besitzt die Blockdiagonalgestalt

$$K_I = diag\,(K_{I,i})_{i=1,2,\ldots,p} \quad , \tag{2.10}$$

wobei die Diagonalblöcke $K_{I,i}$ die Dimension $N_{I,i} \times N_{I,i}$ haben und die betrachtete partielle Differentialgleichung in Ω_i unter reinen homogenen Dirichletschen Randbedingungen auf $\partial\Omega_i$ approximieren, d.h.

$$(K_{I,i}\underline{u}_{I,i}, \underline{v}_{I,i}) = a(\Phi V_{I,i}\underline{u}_{I,i}, \Phi V_{I,i}\underline{v}_{I,i}) \quad \forall \underline{u}_{I,i}, \underline{v}_{I,i} \in \mathbf{R}^{N_{I,i}} \tag{2.11}$$

mit $V_{I,i}^T = (O\ I_{I,i}\ O)_{N_{I,i} \times N}$ und $\mathbf{V}_{I,i} = span(\Phi V_{I,i}) \subset \overset{\circ}{\mathbf{W}}{}_2^1(\Omega_i)$ bzw. $\mathbf{V}_{I,i} \subset [\overset{\circ}{\mathbf{W}}{}_2^1(\Omega_i)]^n$ im Falle eines Differentialgleichungssystems aus n partiellen Differentialgleichungen. Da die Basisfunktionen φ_i für alle $i = N_C + 1, \cdots, N$ auf Γ_C verschwinden, kann

$$\mathbf{V}_I = \mathbf{V}_{I,1} \oplus \cdots \oplus \mathbf{V}_{I,p} \tag{2.12}$$

als orthogonale Summe der Unterräume $V_{I,1}, \cdots, V_{I,p}$ bzgl. des energetischen Skalarproduktes $a(\cdot,\cdot)$ geschrieben werden. Durch die Identität (2.7) werden die anfangs erwähnten Eigenschaften der Bilinearform $a(\cdot,\cdot)$ auf die Steifigkeitsmatrix K übertragen. Insbesondere ist K symmetrisch und positiv definit.

Wir führen nun neben der Knotenbasis Φ die sogenannte diskrete harmonische Basis

$$\overset{*}{\Psi} = \left\{ \overset{*}{\psi}_1, \cdots, \overset{*}{\psi}_{N_C}, \overset{*}{\psi}_{N_C+1}, \cdots, \overset{*}{\psi}_N \right\} = \Phi\,\overset{*}{V} \tag{2.13}$$

von $\mathbf{V} = span(\Phi) = span(\overset{*}{\Psi})$ ein. Die Basistransformationsmatrix $\overset{*}{V} = \left(\overset{*}{V}_C\ \overset{*}{V}_I\right)$ wird durch die Teilmatrizen

$$\overset{*}{V}_C = \begin{pmatrix} I_C \\ -K_I^{-1}K_{IC} \end{pmatrix}_{N \times N_C} \quad \text{und} \quad \overset{*}{V}_I = \begin{pmatrix} O \\ I_I \end{pmatrix}_{N \times N_I} \tag{2.14}$$

eindeutig beschrieben. Daraus ist ersichtlich, daß alle Basisfunktionen, die zu den inneren Knoten der Teilgebiete $\Omega_1, \ldots, \Omega_p$ gehören, unverändert bleiben, d.h. $\overset{*}{\psi}_j = \varphi_j$ für alle $j = N_C + 1, \ldots, N$. Analog zu (2.3) kann der F.E. Teilraum $\mathbf{V}$ in der Form

$$\mathbf{V} = \overset{*}{\mathbf{V}}_C \oplus \overset{*}{\mathbf{V}}_I \tag{2.15}$$

dargestellt werden, wobei $\overset{*}{\mathbf{V}}_C = span(\Phi \overset{*}{V}_C)$ und $\overset{*}{\mathbf{V}}_I = span(\Phi \overset{*}{V}_I) = \mathbf{V}_I$. Die Zerlegung (2.15) ist offenbar orthogonal bezüglich des energetischen Skalarproduktes $a(\cdot,\cdot)$. In der neuen Basis $\overset{*}{\Psi}$ nimmt das F.E. Gleichungssystem die Gestalt

$$\begin{pmatrix} S_C & O \\ O & K_I \end{pmatrix} \begin{pmatrix} \overset{*}{\underline{u}}_C \\ \overset{*}{\underline{u}}_I \end{pmatrix} = \begin{pmatrix} \underline{f}_C - K_{CI} K_I^{-1} \underline{f}_I \\ \underline{f}_I \end{pmatrix} \tag{2.16}$$

an. Der erste Diagonalblock

$$S_C = K_C - K_{CI} K_I^{-1} K_{IC} \tag{2.17}$$

wird als Schur-Komplement bezeichnet. Der Lösungsvektor $\overset{*}{\underline{u}} = \left(\overset{*}{\underline{u}}{}_C^T, \overset{*}{\underline{u}}{}_I^T\right)^T$ ist nun nichts anderes als der Koeffizientenvektor bezüglich der diskreten harmonischen Basis $\overset{*}{\Psi}$, d.h. $u = \overset{*}{\Psi} \overset{*}{\underline{u}} = \Phi \overset{*}{V} \overset{*}{\underline{u}} \in \mathbf{V}$ ist genau die Lösung des F.E. Schemas (2.5). Den Lösungsvektor $\underline{u} = \left(\underline{u}_C^T, \underline{u}_I^T\right)^T$ in der Knotenbasis Φ erhalten wir durch die Rücktransformation

$$\underline{u} = \overset{*}{V} \overset{*}{\underline{u}} = \begin{pmatrix} I_C & O \\ -K_I^{-1} K_{IC} & I_I \end{pmatrix} \begin{pmatrix} \overset{*}{\underline{u}}_C \\ \overset{*}{\underline{u}}_I \end{pmatrix} = \begin{pmatrix} \overset{*}{\underline{u}}_C \\ \overset{*}{\underline{u}}_I - K_I^{-1} K_{IC} \overset{*}{\underline{u}}_C \end{pmatrix} \tag{2.18}$$

Die Beziehungen (2.16) - (2.18) sind offensichtlich äquivalent zu den wohlbekannten Formeln

$$\left.\begin{array}{lll} \overset{*}{\underline{u}}_I & = & K_I^{-1} \underline{f}_I \, , \\ \underline{g}_C & = & \underline{f}_C - K_{CI} \overset{*}{\underline{u}}_I \, , \quad S_C = K_C - K_{CI} K_I^{-1} K_{IC} \, , \\ \underline{u}_C & = & \overset{*}{\underline{u}}_C = S_C^{-1} \underline{g}_C \, , \\ \underline{u}_I & = & \overset{*}{\underline{u}}_I - K_I^{-1} K_{IC} \overset{*}{\underline{u}}_C \end{array}\right\} \tag{2.19}$$

der klassischen F.E. Substrukturtechnik. Wegen der Blockdiagonalgestalt (2.10) von K_I ist die Realisierung von K_I^{-1} gleichbedeutend mit der parallelen Lösung von p voneinander unabhängigen kleineren Gleichungssystemen mit den Systemmatrizen $K_{I,1}, \ldots, K_{I,p}$. Obwohl die Lösung dieser Gleichungssysteme ohne jegliche Kommunikation vollständig parallel durchgeführt werden kann, ist die direkte Lösung eines einzelnen Teilsystems in der Praxis oft zu aufwendig. Deshalb wenden wir nicht die klassische F.E. Substrukturtechnik direkt an, sondern lösen das F.E. Gleichungssystem (2.9) mit einer durch Gebietszerlegung parallelisierten und vorkonditionierten Version des konjugierten Gradientenverfahrens. Diese parallelisierte Version stellen wir im nächsten Abschnitt vor.

3 Eine parallelisierte Version des CG-Verfahrens

Die in diesem Abschnitt beschriebene Parallelisierungsidee geht auf K.H. Law [Law89] zurück und wurde später für verschiedene Vorkonditionierungstechniken von den Autoren weiterentwickelt [HL91a, HLM90, HLM91, Mey90]. Die auf der Gebietszerlegungsmethode beruhende Parallelisierung des CG-Verfahrens eignet sich besonders für eine Implementierung auf Mehrprozessorrechnern mit lokalem Speicher und Botschaftenaustausch über Links.

Entsprechend den p Teilgebieten $\overline{\Omega}_i$ $(i = 1, 2, \ldots, p)$ verteilen wir alle Matrizen und Vektoren, die im CG-Algorithmus vorkommen, auf die p Prozessoren P_i $(i = 1, 2, \ldots, p)$ unseres Mehrprozessorrechners. Für die Vektoren nutzen wir zwei Typen der Verteilung, die wir überlappend (Typ I) und addierend (Typ II) nennen wollen:

Typ I : $\underline{\mathbf{u}}, \underline{\mathbf{w}}$ und $\underline{\mathbf{s}}$ werden im Prozessor P_i ($\hat{=} \overline{\Omega}_i$) als $\underline{\mathbf{u}}_i = A_i \underline{\mathbf{u}}$, $\underline{\mathbf{w}}_i = A_i \underline{\mathbf{w}}$ und $\underline{\mathbf{s}}_i = A_i \underline{\mathbf{s}}$ gespeichert;

Typ II : $\underline{r}, \underline{v}, \underline{f}$ werden in P_i als $\underline{r}_i, \underline{v}_i, \underline{f}_i$ gespeichert, so daß $\underline{r} = \sum_{i=1}^{p} A_i^T \underline{r}_i$ etc. gilt,

wobei A_i die Superelementzusammenhangsmatrix von $\overline{\Omega}_i$ ist, d.h. die Matrix A_i ist eine Boolesche Matrix der Dimension $N_i \times N$ und bildet einen Vektor $\underline{g} \in \mathbf{R}^N$, der alle Knotenparameter enthält, in einen Vektor $\underline{g}_i \in \mathbf{R}^{N_i}$ ab, der nur die zu $\overline{\Omega}_i$ gehörenden Knotenparameter beinhaltet. Mit den eingeführten Booleschen Matrizen A_i kann nun die Steifigkeitsmatrix K in der Form

$$K = \sum_{i=1}^{p} A_i^T K_i A_i \tag{3.1}$$

dargestellt werden, wobei K_i die zum Superelement $\overline{\Omega}_i$ gehörende Superelementsteifigkeitsmatrix ist. In Analogie dazu benutzen wir die Notationen

$$K_{IC,i} = (K_i)_{IC} \quad , \quad A_{C,i} = (A_i)_C \quad \text{etc.}$$

Mit der oben eingeführten Datenverteilung und den entsprechenden Bezeichnungen können wir nun die parallelisierte Version des CG-Algorithmus wie folgt aufschreiben.

For all $i = 1, 2, \ldots, p$ do in parallel
0. <u>Startschritt</u> Bestimme eine Anfangsnäherung $\underline{\mathbf{u}}_i$, z.B., $\underline{\mathbf{u}}_i = O$ $\underline{r}_i = \underline{f}_i - K_i \underline{\mathbf{u}}_i$ $\underline{\mathbf{w}} = C^{-1} \sum A_i^T \underline{r}_i$ $\underline{\mathbf{s}}_i = \underline{\mathbf{w}}_i \quad (\underline{\mathbf{w}}_i = A_i \underline{\mathbf{w}})$ $\sigma_i = \underline{\mathbf{w}}_i^T \underline{r}_i$ $\sigma = \sigma^0 = \sum \sigma_i$
<u>Iteration</u>
1. $\underline{\check{v}}_i = K_i \underline{\check{\mathbf{s}}}_i$ $\delta_i = \underline{\check{v}}_i^T \underline{\check{\mathbf{s}}}_i$ $\delta = \sum \delta_i$ $\alpha = \check{\sigma} / \delta$ 2. $\underline{\mathbf{u}}_i = \underline{\check{\mathbf{u}}}_i + \alpha \underline{\check{\mathbf{s}}}_i$ $\underline{r}_i = \underline{\check{r}}_i - \alpha \underline{\check{v}}_i$ 3. $\underline{\mathbf{w}} = C^{-1} \sum A_i^T \underline{r}$ 4. $\sigma_i = \underline{\mathbf{w}}_i^T \underline{r}_i$ $\sigma = \sum \sigma_i$ $\beta = \sigma / \check{\sigma}$ 5. $\underline{\mathbf{s}}_i = \underline{\mathbf{w}}_i + \beta \underline{\check{\mathbf{s}}}_i$ 6. $\sigma \leq \varepsilon^2 * \sigma^0$? $\xrightarrow{\text{nein}}$ goto 1. $\downarrow$ ja stop

Im oben aufgeschriebenen Algorithmus markiert das Symbol " ˇ "die vorangegangenen Iterierten. Das Summenzeichen $\sum = \sum_{i=1}^{p}$ bedeutet eine Aufsummierung bzw. Typenumwandlung, die immer mit Transferoperationen (Kommunikation !) verbunden ist.

Selbst im Falle $C = I$, dh. ohne Vorkonditionierung, erfordert der Schritt 3

$$\underline{\mathbf{w}} = C^{-1} \sum A_i^T \underline{r} \tag{3.2}$$

bzw. der entsprechende Startschritt eine Umwandlung eines Vektors vom Typ II in einen Vektor vom Typ I und ist folglich mit einem lokalen Datenaustausch vom Umfang $O(h^{-(d-1)})$ Daten über benachbarte Teilgebietskoppelränder hinweg verbunden. Von einem Vorkonditionierungsoperator C werden wir deshalb unter anderem verlangen, daß der Kommunikationsaufwand gegenüber dem nichtvorkonditionierten Fall $C = I$ nicht erhöht wird. Vorkonditionierungsoperatoren, die dieser Forderung entsprechen, stellen wir im Abschnitt 4 dieser Arbeit vor.

Im Schritt 6 des oben aufgeschriebenen Algorithmus wird der Genauigkeitstest in der $KC^{-1}K$-energetischen Norm $\| \cdot \|_{KC^{-1}K} = (KC^{-1}K\cdot, \cdot)^{0.5}$ durchgeführt. Für gute Vorkonditionierungsoperatoren C, wie wir sie im Auge haben, ist dieser Test dem in der numerischen Praxis noch oft anzutreffenden Defektnormtest (= Test in der K^2-energetischen Norm) unbedingt vorzuziehen (vgl. dazu [GL90]). In der Theorie des CG-Verfahrens wird der relative Fehler jedoch in der K-energetischen Norm abgeschätzt (siehe z.B. [SN89]). Wenn die Spektraläquivalenzungleichungen

$$\underline{\gamma} C \leq K \leq \overline{\gamma} C \tag{3.3}$$

mit gewissen positiven Spektraläquivalenzkonstanten $\underline{\gamma}$ und $\overline{\gamma}$ gelten, dann erhält man die Fehlerabschätzung

$$\| \underline{\mathbf{u}} - \underline{\mathbf{u}}^k \|_K \leq q_k \| \underline{\mathbf{u}} - \underline{\mathbf{u}}^0 \|_K \tag{3.4}$$

wobei $\underline{\mathbf{u}} = (\underline{\mathbf{u}}_C^T, \underline{\mathbf{u}}_I^T)^T$ die exakte Lösung des F.E. Gleichungssystems (2.6) bzw. (2.9) ist, $\underline{\mathbf{u}}^k$ bezeichnet die k-te Iterierte des CG-Algorithmus, $\| \cdot \|_K = (\cdot, \cdot)_K^{0.5} = (K\cdot, \cdot)^{0.5}$ ist die K-energetische Norm, $\xi = \underline{\gamma} / \overline{\gamma}$,

$\rho = (1-\xi^{0.5}) \,/\, (1+\xi^{0.5})$, und $q_k = 2\rho^k \,/\, (1+\rho^{2k})$. Folglich wird der Anfangsfehler $\underline{\mathbf{u}} - \underline{\mathbf{u}}^0$ durch $k = \sharp \ln(\varepsilon^{-1} + (\varepsilon^{-2}+1)^{0.5}) \,/\, \ln(\rho^{-1}) \sharp$ Iterationen mindestens um den Faktor ε $(0 < \varepsilon < 1)$ reduziert. Hierbei bezeichnet $\sharp x \sharp$ die kleinste ganze Zahl, die größer oder gleich x ist. Die Ungleichungen (3.3) werden im Sinne des Euklidischen Skalarproduktes verstanden.

4 Vorkonditionierung durch Gebietszerlegung (DD)

4.1 Die einfache DD-Vorkonditionierung

Die im Abschnitt 2 beschriebene Transformation der Knotenbasis Φ in die diskret harmonische Basis $\overset{*}{\Psi}$ mit der Basistransformationsmatrix $\overset{*}{V}$ hat die Beziehung

$$diag\,(S_C, K_I) = \overset{*}{V}{}^T K \, \overset{*}{V} \tag{4.1}$$

zwischen der Systemmatrix $diag\,(S_C, K_I)$ in der Basis $\overset{*}{\Psi}$ und der Systemmatrix K in der Basis Φ zur Folge. Aus (4.1) erhalten wir unmittelbar die Faktorisierung

$$\begin{aligned} K &= \overset{*}{V}{}^{-T} diag\,(S_C, K_I)\, \overset{*}{V}{}^{-1} \\ &= \begin{pmatrix} I_C & K_{CI}K_I^{-1} \\ O & I_I \end{pmatrix} \begin{pmatrix} S_C & O \\ O & K_I \end{pmatrix} \begin{pmatrix} I_C & O \\ K_I^{-1}K_{IC} & I_I \end{pmatrix} \end{aligned} \tag{4.2}$$

der Steifigkeitsmatrix K. Ersetzt man nun formal S_C und K_I durch geeignete, symmetrische und positiv definite Vorkonditionierungsoperatoren C_C und $C_I = diag\,(C_{I,i})_{i=1,\dots,p}$, dann erhält man die sogenannte einfache DD-Vorkonditionierung

$$C = \begin{pmatrix} I_C & K_{CI}C_I^{-1} \\ O & I_I \end{pmatrix} \begin{pmatrix} C_C & O \\ O & C_I \end{pmatrix} \begin{pmatrix} I_C & O \\ C_I^{-1}K_{IC} & I_I \end{pmatrix} , \tag{4.3}$$

die zunächst von C. Börgers [B\"89b] und später von A. Meyer [Mey90] und in einer gemeinsamen Arbeit von G. Haase und U. Langer [HL91b] untersucht wurde. Von den Autoren wurde in [HLM91] der folgende Satz bewiesen

Satz 4.1. *Falls die symmetrischen und positiv definiten Vorkonditionierungsoperatoren C_C und C_I den Spektraläquivalenzungleichungen*

$$\underline{\gamma}_C C_C \leq S_C \leq \overline{\gamma}_C C_C \quad \text{und} \quad \underline{\gamma}_I C_I \leq K_I \leq \overline{\gamma}_I C_I \tag{4.4}$$

mit gewissen positiven Konstanten $\underline{\gamma}_C, \overline{\gamma}_C, \underline{\gamma}_I$ und $\overline{\gamma}_I$ genügen, dann gelten für die einfache DD-Vorkonditionierung (4.3) die Spektraläquivalenzungleichungen (3.3) mit den Spektraläquivalenzkonstanten

$$\begin{aligned} \underline{\gamma} &= \underline{\gamma}_1 \left(1 + \tfrac{1}{2}\left(\mu - (\mu^2 + 4\mu)^{0.5}\right)\right) \qquad \text{und} \\ \overline{\gamma} &= \overline{\gamma}_1 \left(1 + \tfrac{1}{2}\left(\mu + (\mu^2 + 4\mu)^{0.5}\right)\right) \end{aligned}$$

wobei $\underline{\gamma}_1 = \min\{\underline{\gamma}_C, \underline{\gamma}_I\}$, $\overline{\gamma}_1 = \max\{\overline{\gamma}_C, \overline{\gamma}_I\}$ und $\mu = \rho(S_C^{-1} T_C)$ ist, mit $T_C = K_{CI}(K_I^{-1} - C_I^{-1}) K_I (K_I^{-1} - C_I^{-1}) K_{IC}$, gleich dem Spektralradius von $S_C^{-1} T_C$. Darüber hinaus gilt für die relative spektrale Konditionszahl $\kappa(C^{-1}K)$ die zweiseitige Abschätzung

$$\begin{aligned} &\left(\underline{\gamma}_1 \,/\, \overline{\gamma}_1\right) \left(1 + \frac{1}{2}\left(\mu + (\mu^2 + 4\mu)^{0.5}\right)\right)^2 \\ &\leq \ \kappa(C^{-1}K) \ \leq \ \left(\overline{\gamma}_1 \,/\, \underline{\gamma}_1\right) \left(1 + \tfrac{1}{2}\left(\mu + (\mu^2 + 4\mu)^{0.5}\right)\right)^2 . \end{aligned} \tag{4.5}$$

Die zweiseitige Abschätzung (4.5) sagt aus, daß diese Abschätzung in einem gewissen Sinne scharf ist [HLM91]. Falls $\overline{\gamma}_1 \,/\, \underline{\gamma}_1 = O(1)$ für $h \longrightarrow 0$, dann verhält sich $\kappa(C^{-1}K)$ wie μ^2.

Die einfache DD-Vorkonditionierung (4.3) erfüllt auch unsere Forderung aus Abschnitt 3 bzgl. der Kommunikation. Tatsächlich die Vorkonditionierungsgleichung in Schritt 3 bzw. im entsprechenden Startschritt des parallelisierten CG-Algorithmus kann man nun in der Form

$$\left.\begin{aligned} \underline{\mathbf{w}}_C &= C_C^{-1} \sum A_{C,i}^T \left(\underline{r}_{C,i} - K_{CI,i} C_{I,i}^{-1} \underline{r}_{I,i}\right) \\ \underline{\mathbf{w}}_{I,i} &= C_{I,i}^{-1} \left(\underline{r}_{I,i} - K_{IC,i} \underline{\mathbf{w}}_{C,i}\right) \end{aligned}\right\} \tag{4.6}$$

schreiben. Der kritische Punkt in (4.6) ist allerdings die Vorkonditionierung C_C für S_C. Bei der Wahl von C_C ist darauf zu achten, daß kein oder nur ein geringer Kommunikationsaufwand hinzukommt (siehe Abschnitt 5).

O. Axelsson und P.S. Vassilevski nutzen ebenfalls die Faktorisierung $K^{-1} = \overset{*}{V} diag\left(S_C^{-1}, K_I^{-1}\right) \overset{*}{V}{}^T$ zur Konstruktion von iterativen Lösungsverfahren für das F.E. Gleichungssystem (2.9), [AV91].

4.2 Die ASM-DD-Vorkonditionierung

Wir ersetzen die Matrix K_I in der Basistransformationsmatrix $\overset{*}{V}$ durch eine geeignet gewählte nichtsinguläre Matrix $B_I = diag\,(B_{I,i})_{i=1,\dots,p}$, von der wir zunächst voraussetzen, daß sie die gleiche Blockdiagonalstruktur wie K_I hat, aber nichtnotwendig symmetrisch und positiv definit ist. Gleichungssysteme mit den Matrizen $B_{I,i}$ sollen jedoch wesentlich effektiver lösbar sein als Systeme mit den ursprünglichen Matrizen $K_{I,i}$ (siehe z.B. [HLM90] und Abschnitt 5). Die damit erhalte Basis

$$\widetilde{\Psi} = \left\{\widetilde{\psi}_1, \cdots, \widetilde{\psi}_{N_C}, \widetilde{\psi}_{N_C+1}, \cdots, \widetilde{\psi}_N\right\} = \Phi\widetilde{V} \tag{4.7}$$

bezeichnen wir in Anlehnung an die Basis $\overset{*}{\Psi}$ als näherungsweise diskrete harmonische Basis. Die Basistransformationsmatrix $\widetilde{V} = \left(\widetilde{V}_C\ \widetilde{V}_I\right)$ wird jetzt durch die Teilmatrizen

$$\widetilde{V}_C = \begin{pmatrix} I_C \\ -B_I^{-1}K_{IC} \end{pmatrix}_{N\times N_C} \quad \text{and} \quad \widetilde{V}_I = \overset{*}{V}_I = V_I = \begin{pmatrix} O \\ I_I \end{pmatrix}_{N\times N_I} \tag{4.8}$$

bestimmt. Die zu den inneren Knoten der Teilgebiete gehörenden Basisfunktionen bleiben wiederum unverändert, d.h. $\widetilde{\psi}_j = \varphi_j$ für alle $j = N_C + 1, \dots, N$. Der F.E. Raum

$$\mathbf{V} = \widetilde{\mathbf{V}}_C + \widetilde{\mathbf{V}}_I \tag{4.9}$$

Kann nun als direkte Summe der Teilräume $\widetilde{\mathbf{V}}_I = span(\Phi\widetilde{V}_I)$ und $\widetilde{\mathbf{V}}_C = span(\Phi\widetilde{V}_C)$ dargestellt werden. Im Vergleich zur diskreten harmonischen Basis verlieren wir zwar die Orthogonalität bezüglich des energetischen Skalarproduktes $a(\cdot,\cdot)$, aber bei geeigneter Wahl von B_I kann erwartet werden, daß der Winkel $\angle(\widetilde{V}_C, \widetilde{V}_I)$ zwischen den Räumen $\widetilde{V}_C$ und $\widetilde{V}_I$ nahe der 90°-Marke ist. Tatsächlich, in [HLM90] haben wir das folgende Lemma bewiesen.

Lemma 4.1. *Der Winkel zwischen den Räumen $\widetilde{V}_C$ und $\widetilde{V}_I$ ist durch die Beziehung*

$$\gamma = \cos\angle(\widetilde{V}_C, \widetilde{V}_I) = \sqrt{\frac{\mu}{1+\mu}}, \tag{4.10}$$

gegeben, wobei $S_C = K_C - K_{CI}K_I^{-1}K_{IC}$ *das Schur-Komplement,* T_C *der Operator* $T_C = K_{CI}(K_I^{-1} - B_I^{-T})K_I(K_I^{-1} - B_I^{-1})K_{IC}$ *und* $\mu = \rho(S_C^{-1}T_C)$ *der Spektralradius von* $S_C^{-1}T_C$ *sind.*

Folglich kann für die Unterräume $\widetilde{\mathbf{V}}_C$ und $\widetilde{\mathbf{V}}_I$ die verschärfte Cauchy-Ungleichung

$$|a(u,v)| \leq \gamma \; ||| \; u \; ||| \; ||| \; v \; ||| \quad \forall u \in \widetilde{\mathbf{V}}_C \, , \, \forall v \in \widetilde{\mathbf{V}}_I \tag{4.11}$$

mit der nicht verbesserbaren Konstanten $\gamma \in [0,1)$ aus (4.10) aufgeschrieben werden. Hier und im weiteren wird mit $||| \cdot ||| = (a(\cdot,\cdot))^{0.5}$ die Energienorm bezeichnet.

Mit der Darstellung (4.9) ist die Additive Schwarzsche Methode (ASM)

$$u^{k+1} = u^k + P_C z^k + P_I z^k \quad ; \quad k = 0,1,\dots \, , \tag{4.12}$$

verknüpft, wobei $u^0 \in \mathbf{V}$ eine beliebige Startnäherung und $z^k = u - u^k$ den k-ten Iterationsfehler bezeichnen [BMS91, DW87, DW90, DW91, HLM90, Xu90]. Die Orthoprojektoren $P_I : \mathbf{V} \longrightarrow \widetilde{\mathbf{V}}_I$ und $P_C : \mathbf{V} \longrightarrow \widetilde{\mathbf{V}}_C$ werden entsprechend durch die Beziehungen

$$a(P_C u, v) = a(u,v) \quad \forall u \in \mathbf{V} \, , \forall v \in \widetilde{\mathbf{V}}_C \tag{4.13}$$

und

$$a(P_I u, v) = a(u,v) \quad \forall u \in \mathbf{V} \, , \forall v \in \widetilde{\mathbf{V}}_I \tag{4.14}$$

definiert. Die ASM (4.12) in $\mathbf{V} = \widetilde{\mathbf{V}}_C + \widetilde{\mathbf{V}}_I$ ist äquivalent zum Verfahren der einfachen Iteration

$$\tau^{-1} D \, (\underline{u}^{k+1} - \underline{u}^k) + K \, \underline{u}^k = \underline{f} \quad ; \quad k = 0,1,\dots \tag{4.15}$$

in $\mathbf{R}^N$ bzgl. der Knotenbasis Φ, wobei $u^k = \Phi \underline{u}^k$, $\tau = 1$, $D = \widetilde{V}^{-T}\widetilde{D}\widetilde{V}^{-1}$ und $\widetilde{D} = diag(S_C + T_C, K_I)$. Aus Lemma 4.1 erhalten wir unmittelbar die Spektraläquivalenzungleichungen

$$(1-\gamma)\, D \;\leq\; K \;\leq\; (1+\gamma)\, D \, , \tag{4.16}$$

mit den nicht verbesserbaren Spektraläquivalenzkonstanten $1-\gamma$ und $1+\gamma$. Folglich ist die relative spektrale Konditionszahl $\kappa(D^{-1}K)$ durch die Beziehung

$$\kappa(D^{-1}K) = \frac{\lambda_{max}(D^{-1}K)}{\lambda_{min}(D^{-1}K)} = \frac{1+\gamma}{1-\gamma} = \left(\sqrt{\mu} + \sqrt{1+\mu}\right)^2 \tag{4.17}$$

gegeben. Aus (4.16) folgt rückwirkend, daß der optimale Iterationsparameter $\tau_{opt} = 2\,/\,(1+\gamma+1-\gamma) = 1$ tatsächlich gleich 1 und die optimale Rate $q_{opt} = (1+\gamma-(1-\gamma))\,/\,(1+\gamma+1-\gamma)$ gleich γ sind. Wir ersetzen nun die Diagonalblöcke $S_C + T_C$ und K_I in $\widetilde{D}$ durch geeignet gewählte, symmetrische und positiv definite Vorkonditionierungsoperatoren C_C und C_I und erhalten somit die sogenannte ASM-DD-Vorkonditionierung

$$C = \begin{pmatrix} I_C & K_{CI}B_I^{-T} \\ O & I_I \end{pmatrix} \begin{pmatrix} C_C & O \\ O & C_I \end{pmatrix} \begin{pmatrix} I_C & O \\ B_I^{-1}K_{IC} & I_I \end{pmatrix}, \tag{4.18}$$

die in [HLM90] ausführlich untersucht wurde. In eben dieser Arbeit wurde der folgende Satz bewiesen.

Satz 4.2. *Falls die symmetrischen und positiv definiten Vorkonditionierungsoperatoren C_C und C_I den Spektraläquivalenzungleichungen*

$$\underline{\gamma}_C\, C_C \;\le\; S_C + T_C \;\le\; \overline{\gamma}_C\, C_C \quad \text{und} \quad \underline{\gamma}_I\, C_I \;\le\; K_I \;\le\; \overline{\gamma}_I\, C_I \tag{4.19}$$

mit gewissen positiven Konstanten $\underline{\gamma}_C, \overline{\gamma}_C, \underline{\gamma}_I$ und $\overline{\gamma}_I$ genügen, dann gelten für die einfache ASM-DD-Vorkonditionierung (4.18) die Spektraläquivalenzungleichungen (3.3) mit den Spektraläquivalenzkonstanten

$$\begin{aligned} \underline{\gamma} &= \min\{\underline{\gamma}_C, \underline{\gamma}_I\}\left(1 - \sqrt{\tfrac{\mu}{1+\mu}}\right) \quad \text{und} \\ \overline{\gamma} &= \max\{\overline{\gamma}_C, \overline{\gamma}_I\}\left(1 + \sqrt{\tfrac{\mu}{1+\mu}}\right) \end{aligned} \tag{4.20}$$

wobei $\mu = \rho(S_C^{-1}T_C)$, *mit* $T_C = K_{CI}(K_I^{-1} - B_I^{-T})K_I(K_I^{-1} - B_I^{-1})K_{IC}$, *gleich dem Spektralradius von $S_C^{-1}T_C$ ist. Darüber hinaus gilt für $\kappa(C^{-1}K)$ die zweiseitige Abschätzung*

$$\begin{aligned} &\left(\underline{\gamma}_1 \,/\, \overline{\gamma}_1\right)\left(\sqrt{\mu} + \sqrt{1+\mu}\right)^2 \\ &\quad\le\; \kappa(C^{-1}K) \;\le\; \left(\overline{\gamma}_1 \,/\, \underline{\gamma}_1\right)\left(\sqrt{\mu} + \sqrt{1+\mu}\right)^2 \end{aligned} \tag{4.21}$$

mit $\underline{\gamma}_1 = \min\{\underline{\gamma}_C, \underline{\gamma}_I\}$ *und* $\overline{\gamma}_1 = \max\{\overline{\gamma}_C, \overline{\gamma}_I\}$.

Falls $\overline{\gamma}_1 \,/\, \underline{\gamma}_1 = O(1)$ für $h \longrightarrow 0$, dann wird das Verhalten von $\kappa(C^{-1}K) = O(\mu)$ ausschließlich durch das Verhalten des Spektralradius $\mu = \rho(S_C^{-1}T_C)$ für $h \longrightarrow 0$ bestimmt. Die Zahl μ kann ihrerseits nur durch die Wahl der Basistransformationskomponente B_I beeinflußt werden. Im Gegensatz zur Vorkonditionierung aus Abschnitt 4.1 ist jetzt B_I von C_I abgekoppelt.

Die Vorkonditionierungsgleichung in Schritt 3 bzw. im entsprechenden Startschritt des parallelisierten CG-Algorithmus aus Abschnitt 3 kann man für die ASM-DD-Vorkonditionierung (4.18) nun in der Form

$$\left.\begin{array}{rcl} \underline{\check{\mathbf{w}}}_C & = & C_C^{-1} \sum A_{C,i}^T \left(\underline{\check{\mathbf{r}}}_{C,i} - K_{CI,i} B_{I,i}^{-T} \underline{\check{\mathbf{r}}}_{I,i}\right) \\ \underline{\check{\mathbf{w}}}_{I,i} & = & C_{I,i}^{-1} \underline{\check{\mathbf{r}}}_{I,i} - B_{I,i}^{-1} K_{IC,i} \underline{\check{\mathbf{w}}}_{C,i} \end{array}\right\} \qquad (4.22)$$

schreiben.

4.3 Die MSM-DD-Vorkonditionierung

Unter Benutzung der in (4.13) und (4.14) definierten Orthoprojektoren P_C und P_I können wir die klassische Multiplikative Schwarzsche Methode (MSM) in der Form

$$u^1 = u^0 + P_I\, z^0 \quad , \quad u^{k+1} = (I - P)\, u^k + Pu \quad , \quad k = 1, 2, \ldots \,, \qquad (4.23)$$

schreiben, wobei $P = P_I + P_C - P_I P_C$, $z^0 = u - u^0$ und $u^0 \in \mathbf{V}$ ein beliebig gewähltes Startelement ist [BMS91, DW87, DW90, DW91, HLM90, HL91a, Xu90]. Für den Fehler $z^k = u - u^k$ erhalten wir aus (4.12) sofort die Beziehung

$$z^1 = (I - P_I) z^0 \quad , \quad z^{k+1} = (I - P_I)\,(I - P_C) z^k \quad , \quad k = 1, 2, \ldots \,. \qquad (4.24)$$

Die Orthoprojektionen in die Unterräume $\widetilde{\mathbf{V}}_C$ und $\widetilde{\mathbf{V}}_I$ sind algebraisch äquivalent zur Lösung von Gleichungssystemen mit den Sytemmatrizen $S_C + T_C$ und K_I. In der Praxis ist die exakte Lösung dieser Gleichungssysteme i.allg. zu aufwendig. Deshalb verwenden wir zur Lösung dieser Gleichungssysteme schnellkonvergente Iterationsverfahren und starten diese mit dem Nullvektor als Anfangsnäherung. Aus der symmetrischen Version

$$z^{k+1} = (I - P_I)(I - P_C)(I - P_I)\, z^k \quad , \quad k = 0, 1, \ldots \tag{4.25}$$

der MSM werden in [HL91a] die Ergebnisse des folgenden Satzes abgeleitet.

Satz 4.3. *Der in der Basistransformationsmatrix $\widetilde{V}$ enthaltene Operator B_I sei durch die Beziehung*

$$B_I = K_I \left(I_I - \overline{M_I}^r\right)^{-1} \tag{4.26}$$

und die Blockvorkonditionierungsoperatoren C_I und C_C durch die Beziehungen

$$C_I = K_I \left(I_I - M_I^s\right)^{-1} \quad \text{und} \quad C_C = (S_C + T_C)\left(I_C - Q_C^t\right)^{-1} \tag{4.27}$$

definiert, d.h. sowohl B_I als auch C_I und C_C werden implizit durch r, s und t Iterationsschritte stationärer Iterationsverfahren mit den Iterationsoperatoren $\overline{M_I}^r$, M_I^s und Q_C^t bestimmt. Die Iterationsoperatoren $\overline{M_I}^r$, M_I^s und Q_C^t mögen die folgenden Voraussetzungen erfüllen:

1. *M_I and Q_C sind selbstadjungiert im K_I- bzw. $(S_C + T_C)$- energetischen Skalarprodukt,*

2. $$\mu = \rho(S_C^{-1} T_C) = \sup_{\underline{v} \in \overset{*}{V}_C \mathrm{R}^{N_C} \setminus \{O\}} \left\| \begin{pmatrix} O & O \\ O & \overline{M_I}^r \end{pmatrix} \underline{v} \right\|_K^2 \Big/ \| \underline{v} \|_K^2 \tag{4.28}$$
$$= \left\| \begin{pmatrix} O & O \\ O & \overline{M_I} \end{pmatrix}^r \Bigg|_{\overset{*}{V}_C \mathrm{R}^{N_C}} \right\|_K^2 \leq \overline{\mu}\,,$$

3. $$\| M_I \|_{K_I} = \varrho(M_I) \leq \eta < 1. \tag{4.29}$$

4. $$\| Q_C \|_{S_C + T_C} = \varrho(Q_C) \leq \nu < 1\,. \tag{4.30}$$

Dann ist die symmetrische MSM (4.25) mit den durch (4.27) definierten näherungsweisen Orthoprojektoren äquivalent zur Methode der einfachen Iteration

$$\underline{u}^{k+1} = (I - C^{-1}K)\,\underline{u} + C^{-1}\underline{f} \quad , \quad k = 0, 1, \ldots \tag{4.31}$$

mit der MSM-DD-Vorkonditionierung

$$C = \begin{pmatrix} I_C & K_{CI}(I_I - \overset{*}{\overline{M_I}}{}^r M_I^s)K_I^{-1} \\ O & I_I \end{pmatrix} * \begin{pmatrix} C_C & O \\ O & K_I(I_I - M_I^{2s})^{-1} \end{pmatrix} * \begin{pmatrix} I_C & O \\ (I_I - M_I^s \overline{M_I}^r)K_I^{-1}K_{IC} & I_I \end{pmatrix}, \tag{4.32}$$

wobei $\overset{*}{\overline{M_I}}$ *der bzgl. des* K_I*-energetischen Skalarproduktes zu* $\overline{M_I}$ *adjungierte Iterationsoperator ist, dh.*

$$(\overline{M_I}\underline{u}_I, \underline{v}_I)_{K_I} = (\underline{u}_I, \overset{*}{\overline{M_I}}\underline{v}_I)_{K_I} \quad \forall \underline{u}_I, \underline{v}_I \in \mathbf{R}^{N_I}. \tag{4.33}$$

mit $(\cdot,\cdot)_{K_I} = (K_I\cdot,\cdot)$. *Die Matrix C ist symmetrisch und positiv definit. Desweiteren gelten die Spektraläquivalenzungleichungen*

$$(1-q)C \;\le\; K \;\le\; (1+q)C\,, \tag{4.34}$$

mit

$$q = \nu^t + (1-\nu^t)\left(\eta^s + (1-\eta^s)\sqrt{\frac{\overline{\mu}}{(1+\overline{\mu})}}\right)^2 \;<\; 1. \tag{4.35}$$

Bemerkung 4.1. *Für ebene elliptische RWA zweiter Ordnung gilt die grobe Abschätzung*

$$\overline{\mu} \;\le\; \overline{\eta}^{2r}(\overline{c}_2\underline{c}_1^{-1}h^{-1} - 1)$$

wobei $\underline{c}_1$ *und* $\overline{c}_2$ *h-unabhängige, positive Konstanten aus den wohlbekannten Ungleichungen*

$$\underline{c}_1 h I_C \le S_C \le \overline{c}_1 I_C \qquad \text{und} \qquad \underline{c}_2 I_C \le K_C \le \overline{c}_2 I_C$$

sind und $\overline{\eta} < 1$ *eine obere Schranke für* $\| \overline{M_I} \|_{K_I}$ *ist [B8̈9b, HLM90, HLM91, HL91b]. Eine h-unabhängige obere Schranke wird aus der obigen Abschätzung für* $\overline{\mu}$ *nur dann erreicht, wenn* $r = O(\ln h^{-1})$ *und die Rate* $\overline{\eta}$, *wie typischerweise* *im Falle von Multigrid-Verfahren, h-unabhängig ist. In der Praxis sind aber ein oder zwei Multigrid-Iterationen (d.h. $r = 1$ oder 2) hinreichend, um de facto ein h-unabhängiges $\overline{\mu}$ zu erreichen (vgl. numerische Resultate im Abschnitt 5.1 und in [HLM90, HLM91, HL91b, JL] sowie Schlußfolgerung 5 in Kapitel 5 aus [HLM91]).*

Damit ist die symmetrische MSM (4.25) mit den durch (4.27) definierten näherungsweisen Orthoprojektoren nichts anderes als die ASM (vgl. (4.15) und (4.18))

$$\tau^{-1} C\,(\underline{u}^{k+1} - \underline{u}^k) + K\underline{u}^k = \underline{f} \quad , \quad k = 0, 1, \ldots \tag{4.36}$$

mit $\tau = 1$ und der ASM-DD-Vorkonditionierung (4.18), deren Komponenten B_I, C_I und C_C nun durch die Beziehungen

$$\left.\begin{array}{lcll} B_I & = & K_I(I_I - M_I^s \overline{M_I}^r)^{-1} & , \\ C_I & = & K_I(I_I - M_I^{2s})^{-1} & \text{und} \\ C_C & = & (S_C + T_C)(I_C - Q_C^t)^{-1} & \end{array}\right\} \tag{4.37}$$

definiert werden. Von dieser Äquivalenz kann man zweifach profitieren. Zum einen gelten die Spektraläquivalenzungleichungen (4.34) - (4.35), die auf der MSM-Ratenabschätzung beruhen [HL91a]. Zum anderen kann die spezielle Form (4.32) der MSM-DD-Vorkonditionierung C bei der Lösung des Vorkonditionierungssystems $C\,\underline{w} = \underline{r}$ im CG-Verfahren ausgenutzt werden. Tatsächlich, die Vorkonditionierungsgleichung im Schritt 3 bzw. im entsprechenden Startschritt des parallelisierten CG-Algorithmus aus Abschnitt 3 kann man für die MSM-DD-Vorkonditionierung (4.32) in der Form

$$\begin{array}{rlcl}
1) & \underline{w}_{I,i}^s & = & (I_{I,i} - M_{I,i}^s)\, K_{I,i}^{-1} \underline{r}_{I,i} \\
2) & \underline{w}_{I,i}^{s+r} & = & B_{I,i}^{-T} \underline{r}_{I,i} = \overset{*}{\overline{M_{I,i}}}{}^r\, \underline{w}_{I,i}^s + (I_{I,i} - \overset{*}{\overline{M_{I,i}}}{}^r)\, K_{I,i}^{-1} \underline{r}_{I,i} \\
3) & \underline{w}_C & = & C_C^{-1} \sum A_{C,i}^T (\underline{r}_{C,i} - K_{CI,i} \underline{w}_{I,i}^{s+r}) \\
4) & \underline{w}_{I,i}^r & = & (I_{I,i} - \overline{M_{I,i}}^r)\, K_{I,i}^{-1} (-K_{IC,i} \underline{w}_{C,i}) \\
5) & \underline{\widetilde{r}}_{I,i} & = & \underline{r}_{I,i} - K_{IC,i} \underline{w}_{C,i} \\
6) & \underline{\widetilde{w}}_{I,i} & = & \underline{w}_{I,i}^s + \underline{w}_{I,i}^r \\
7) & \underline{w}_{I,i} & = & M_{I,i}^s \underline{\widetilde{w}}_{I,i} + (I_{I,i} - M_{I,i}^s)\, K_{I,i}^{-1} \underline{\widetilde{r}}_{I,i}
\end{array}$$

geschrieben werden [HL91a]. Die Gleichung 1) ist gleichbedeutend mit der Anwendung von s $M_{I,i}$-Iterationsschritten (d.h. s Iterationsschritten des Iterationsverfahrens, das durch den Iterationsoperator $M_{I,i}$ definiert wird) auf das Gleichungssystem

$$K_{I,i}\,\underline{w}_{I,i} \;=\; \underline{r}_{I,i} \tag{4.38}$$

mit dem Nullvektor $\underline{w}^0_{I,i} = O$ als Startvektor, während 2) die Anwendung von r $\overline{\overset{*}{M}_{I,i}}$-Iterationschritten auf die gleiche Gleichung (4.38) aber mit der Startnäherung $\underline{w}^s_{I,i}$ bedeutet. In Analogie dazu sind die Beziehungen 4) und 7) jeweils äquivalent zur Anwendung von r $\overline{M_{I,i}}$-Iterationschritten auf die Gleichung

$$K_{I,i}\,\underline{w}_{I,i} \;=\; -K_{IC,i}\underline{w}_{C,i}$$

mit der Startnäherung $\underline{w}^0_{I,i} = O$ bzw. von s $M_{I,i}$-Iterationsschritten auf die Gleichung

$$K_{I,i}\,\widetilde{\underline{w}}_{I,i} \;=\; \widetilde{\underline{r}}_{I,i}$$

mit der Startlösung $\widetilde{\underline{w}}_{I,i}$. Folglich sparen wir $2s$ Iterationsschritte des durch den selbstadjungierten Iterationsoperator $M_{I,i}$ definierten Iterationsverfahrens ein.

4.4 Die hierarchische DD-Vorkonditionierung

Im Unterschied zu den Abschnitten 4.1 bis 4.3 ist die Gebietszerlegung für die in diesem Abschnitt zu beschreibende, sehr effektive und einfach realisierbare hierarchische Vorkonditionierung nur Mittel zum Zwecke der Parallelisierung. Analog zu den Abschnitten 4.1 bis 4.3 läßt sich aus der Gebietszerlegungsidee eine besonders elegante Parallelisierung ableiten, die die von uns geforderte Eigenschaft (einmaliger Austausch von Koppelrandinformationen pro Iterationsschritt) beibehält. Diese parallele Realisierung auf der Basis der Gebietszerlegung ist auch Grund dafür, daß wir den Namen hierarchische DD-Vorkonditionierung gewählt haben, obwohl sie algebraisch vollständig äquivalent zur hierarchischen Vorkonditionierung von H. Yserentant ist, die inzwischen Eingang in die numerische Praxis gefunden hat [Yse86b, Yse86a, Yse90].

Die theoretischen Fakten werden deshalb hier nur kurz skizziert und können mit den obigen Veröffentlichungen detailliert nachvollzogen werden.

Wie oft bei Multigrid-ähnlichem Herangehen wird von einer Geometriebeschreibung des Gebietes Ω in Form einer Grobvernetzung (Nutzer-Triangularisierung) ausgegangen (vgl. auch Bild 2.1). Diese (möglichst wenigen) groben Dreiecke sollen die Geometrie von Ω einschließlich deren Interfacestruktur ausreichend genau beschreiben (eventuell durch krummlinige Dreiecke). Außerdem wird vorausgesetzt, daß die Teildreiecke zur Definition der Teilgebiete Ω_i verwendet werden. Somit wäre eine Anzahl von Grobdreiecken besonders günstig, die mit einem Vielfachen der Prozessoranzahl übereinstimmt. Wir nennen die Knoten dieser Startvernetzung Knoten vom Level 0 und ordnen jedem solchen Knoten eine übliche F.E. Basisfunktion $\widehat{\psi}_i = \varphi_{h_0,i}$ zu, die als Knotenbasis zur Grobvernetzung zu verstehen ist. Im weiteren wird eine hierarchische Verfeinerung des Grobnetzes in etwa l Verfeinerungsstufen vorgenommen. Im einfachsten Falle derart, daß ein Dreieck des Levels $j-1$ durch Verbinden der Seitenmitten in 4 ähnliche Dreiecke des Levels j geteilt wird (weitere Verfeinerungstechniken siehe [JL]). Den im Level j neu hinzugekommenen Knoten werden wieder die üblichen Knotenbasisfunktionen $\psi_i = \varphi_{h_j,i}$ des Levels j zur bisherigen Basis hinzugefügt, so daß am Ende dieses Prozesses N_0 Knotenbasisfunktionen vom Level 0, N_1 weitere vom Level 1 usw. definiert wurden und folglich die Dimension $N = N_0 + N_1 + \ldots + N_l$ ist. Die Gesamtheit dieser Basisfunktionen nennt man hierarchische Basis

$$\widehat{\Psi} = \left\{\widehat{\psi}_1, \cdots, \widehat{\psi}_{N_0}, \widehat{\psi}_{N_0+1}, \cdots, \widehat{\psi}_N\right\} \tag{4.39}$$

des F.E. Raumes $\mathbf{V} = span(\widehat{\Psi}) = span(\Phi)$. Würde man anstelle der üblichen Knotenbasis Φ der feinsten Vernetzung mit dieser hierarchischen Basis $\widehat{\Psi}$ arbeiten, dann würden sich folgende zwei interessante Fakten ergeben [Mey90]:

1. Die zugehörige Steifigkeitsmatrix $\widehat{K} = \left(a(\widehat{\Psi}_j, \widehat{\Psi}_i)\right)_{i,j=1,\ldots,N}$ ist fast voll besetzt.

2. Die Konditionszahl von $\widehat{K}$ ist relativ klein, $\kappa(\widehat{K}) = O(l^2) = O(|\ln h|^2)$.

Wegen der zweiten Eigenschaft wäre das Verfahren der konjugierten Gradienten (ohne Vorkonditionierung !) ein sehr schneller Löser für ein Gleichungssystem mit der Systemmatrix $\widehat{K}$, da nur $O(l)$ Iterationsschritte für eine bestimmte fixierte relative Genauigkeit notwendig würden. Dem steht die erste Eigenschaft gegenüber, die eine Speicherung von $\widehat{K}$ und eine schnelle Multiplikation der Art $\widehat{K} * \underline{v}$ zunächst als nicht opportun erscheinen läßt. Wieder entsteht aus der Basistransformation

$$\widehat{\Psi} = \Phi \widehat{V} \tag{4.40}$$

mit einer noch zu untersuchenden, nichtsingulären $(N \times N)$-Basistransformationsmatrix $\widehat{V}$ der elegante Ausweg aus dieser Situation. Aus (4.40) folgt

$$\widehat{K} = \widehat{V}^T K \widehat{V} \tag{4.41}$$

und somit

$$\kappa(\widehat{K}) = \kappa(\widehat{V}^T K \widehat{V}) = \kappa(\widehat{V} \widehat{V}^T K) \; ,$$

also wäre die Vorkonditionierungsmatrix

$$C^{-1} = \widehat{V} \widehat{V}^T$$

eine sehr effektive Variante im vorkonditionierten CG-Verfahren für das übliche F.E.-Gleichungssystem $K \underline{u} = \underline{f}$ in der Knotenbasis Φ. Von besonderer Wichtigkeit ist hierbei die Tatsache, daß die beiden Matrixmultiplikationen

$$\underline{w} = \widehat{V} \widehat{V}^T \underline{r}$$

im Vorkonditionierungsschritt des CG-Verfahrens (siehe Abschnitt 3) außerordentlich effektiv realisierbar sind (jeweils N Multiplikationen und $2N$ Additionen). Hierzu ist lediglich eine sogenannte hierarchische Liste aller Knotenzusammenhänge notwendig, in der geordnet vom niedrigsten zum höchsten Level alle Knotennummern des jeweiligen Levels verzeichnet sind.

Bedenkt man nun die Parallelisierung des gesamten Rechenprozesses durch Gebietszerlegung (DD), bedeutet dies, daß jeder Prozessor P_i nur einige Dreiecke des Grobnetzes erhält und seinen Teil des hierarchischen Netzes für $\overline{\Omega_i}$ generiert.

Damit ist auch auf jedem Prozessor nur der lokale Anteil der hierarchischen Liste über die Knotenentstehung bekannt. Trotzdem ist dies der hierarchischen Vorkonditionierung nicht hinderlich, da die beiden Multiplikationsalgorithmen

$$\underline{y} = \widehat{V}^T \underline{r} \qquad \text{und} \qquad \underline{w} = \widehat{V} \underline{y}$$

im Zusammenhang mit der verteilten Speicherung von $\underline{r}$, $\underline{w}$ und der hierarchischen Liste für $\widehat{V}$ folgende Eigenschaften haben. Das Residium $\underline{r}$ ist nach Typ II (siehe Abschnitt 3)

$$\underline{r} = \sum_{i=1}^{p} A_i^T \underline{r}_i$$

über die Prozessoren verteilt. Die lokale Multiplikation

$$\underline{y}_i = \widehat{V}_i^T \underline{r}_i$$

mit den nur lokal bekannten Knotenzusammenhängen erhält die Typ II - Eigenschaft für $\underline{y}$, d.h. es gilt wieder

$$\underline{y} = \sum_{i=1}^{p} A_i^T \underline{y}_i \, .$$

Wird dieser Akkumulationsschritt jetzt ausgeführt und ein Vektor $\underline{\widetilde{y}}$ $(= \underline{y})$ vom Typ I erzeugt, d.h.

$$\underline{\widetilde{y}}_j = \underline{y}_j + \sum_{\substack{i=1 \\ i \neq j}}^{p} A_i^T \underline{y}_i \, ,$$

so ändert die zweite lokale Multiplikation

$$\underline{w}_i = \widehat{V}_i \underline{\widetilde{y}}_i$$

abermals nichts an der Typ I -Speichertechnik für $\underline{w}$. Somit benötigt ein CG-Schritt mit hierarchischer Vorkonditionierung genau den selben Kommunikationsaufwand wie ohne jede Vorkonditionierung (vgl. Abschnitt 3 mit $C = I$) und lediglich $4N_i$ wesentliche Operationen zusätzlich.

Bemerkung 4.2. *Zum Ausgleich von starken Schwankungen in den Koeffizienten der Dgl. ist eine Jacobi-Modifikation der Art*

$$C^{-1} = J^{-\frac{1}{2}} \widehat{V} \widehat{V}^T J^{-\frac{1}{2}}$$

mit $J = \operatorname{diag} K$ *bzw.* $J = \operatorname{blockdiag} K$ *zu empfehlen.*

Bemerkung 4.3. *Die von H. Yserentant hervorgehobene zusätzliche Grobgitterlösung zwischen der* $\widehat{V}$*- und* $\widehat{V}^T$*-Multiplikation bringt für die Parallelisierung zusätzliche Probleme der Organisation und des Transfers und ist deshalb von uns weggelassen worden.*

Bemerkung 4.4. *Für 3D-Probleme kann die Vorgehensweise ungeändert übernommen werden. Natürlich ist die Konstruktion hierarchischer 3D-Vernetzungen wesentlich komplizierter (vgl. etwa [B̈89a]). Der Hauptnachteil besteht allerdings in der wesentlichen Verschlechterung der Konditionszahl von* $\widehat{K}$ *(bzw. von* $C^{-1}K = \widehat{V}\widehat{V}^T K$ *) zu* $O(h^{-1})$ *. Durch eine Abänderung des Vorkonditionierers unter Verwendung von* L_2*-Projektoren kann dies zwar behoben werden [BPX90, Yse90], allerdings wird sich eventuell der Kommunikationsbedarf drastisch erhöhen.*

5 Numerische Experimente

5.1 Numerische Experimente mit ASM- und MSM-DD-Vorkonditionierungen

In den Arbeiten [HLM90, HLM91, HL91a, JL] wurden eine Vielzahl von numerischen Experimenten mit der ASM-DD-Vorkonditionierung dargestellt und ausgewertet. Sowohl zur Basistransformation B_I als auch zur K_I-Vorkonditionierung C_I haben wir dabei Multigrid-Techniken verwendet, d.h. die Operatoren B_I und C_I wurden durch die Beziehungen (4.26) und (4.27) definiert, wobwi jetzt $\overline{M}_I$ und M_I entsprechende Multigrid-Iterationsoperatoren sind. Zur Bestimmung der Blockvorkonditionierung C_C wurden in Abhängigkeit vom Aussehen des Koppelrandes Γ_C (ohne oder mit Kreuzungspunkten) die Vorschläge von M. Dryja [Dry82] (ohne Kreuzungspunkte) und J.M. Bramble, J.E. Pasciak, A.H. Schatz [BPS89] (mit Kreuzungspunkten) in einer leicht modifizierten Form sowie eine in [HLM90] vorgeschlagene hierarchische Technik aufgegriffen. Als Modellbeispiel diente uns das Dirichlet-Problem für die Poisson-Gleichung in verschiedenen Gebieten.

In diesem Abschnitt wollen wir einige vergleichende numerische Ergebnisse zur Nutzung der ASM- und MSM-DD-Vorkonditionierung darstellen. Als Modellbeispiel (= Beispiel 1 in den Arbeiten [HLM90, HLM91, HL91a, JL]) benutzten wir der Einfachheit halber wiederum das Dirichlet-Problem für die Poisson-Gleichung im Rechteck $\overline{\Omega} = [0,2] \times [0,1] = \overline{\Omega}_1 \cup \overline{\Omega}_2$, das in die zwei Einheitsquadrate $\overline{\Omega}_1 = (0,1) \times (0,1)$ und $\overline{\Omega}_1 = (1,2) \times (0,1)$ zerlegt wurde (siehe Bild 5.1).

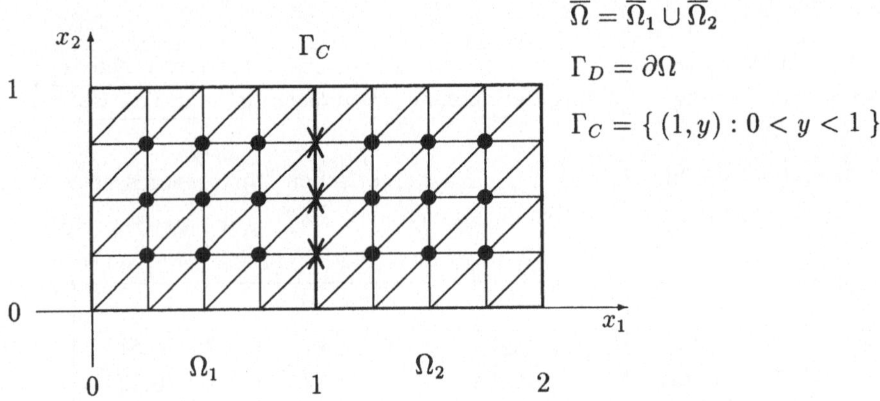

Abbildung 5.1: Gebietszerlegung und Triangularisierung (2 Gitter) des Modellgebietes Ω ($N_C = 3$, $N_I = 18$, $N_{I,1} = N_{I,2} = 9$)

Die skalierte Dryjasche Vorkonditionierung

$$C_C = \delta \begin{pmatrix} 2 & -1 & & & O \\ -1 & 2 & -1 & & \\ & \ddots & \ddots & \ddots & \\ & & -1 & 2 & -1 \\ O & & & -1 & 2 \end{pmatrix}^{0.5}_{N_C \times N_C}$$

mit $\delta = 2$ diente uns in allen Fällen als $(S_C + T_C)$-Blockvorkonditionierung. Die Basistransformation B_I und K_I-Vorkonditionierung wurden wie in den vorangegangenen Arbeiten [HLM90, HLM91, HL91a] durch Multigrid-Techniken definiert. In den Tabellen 5.1-5.7 bedeutet z.B. $B_I = V11$ (ω-Jacobi), daß der V-Zyklus mit 1 ω-Jacobi-Schritt ($\omega = 2/3$ in allen Fällen) als Vorglättung und

1 ω-Jacobi-Schritt als Nachglättung benutzt wird; $C_I = W22$ (Gauß-Seidel $\uparrow\uparrow\downarrow\downarrow$) bedeutet, daß der W-Zyklus mit 2 lexikographisch vorwärtigen Gauß-Seidel-Schritten als Vorglättung und 2 lexikographisch rückwärtigen Gauß-Seidel-Schritten als Nachglättung verwendet wurde usw.. In allen Beispielrechnungen wurde die lineare Interpolation und die kanonisch dazugehörige Restriktion (= transponiert zur Interpolation) benutzt. Sowohl in B_I als auch in C_I wurde nur ein Multigrid-Schritt durchgeführt, d.h. $r = s = 1$ (siehe auch (4.26) und (4.27) sowie Bemerkung (4.1)). Die Boxen der Tabellen 5.1-5.7 enthalten folgende Informationen

ASM- /MSM- DD Vorkonditionierung	$\longrightarrow$	Anzahl der Iterationen (↓ Gitter)	$x * 10^{-7}$ (Relativer Fehler) / Durchschnittliche CG-Rate

,

wobei der relative Fehler in der $KC^{-1}K$-energetischen Norm gemessen wurde. Die Abbruchschranke war in allen Beispielen $\varepsilon = 10^{-6}$.

Anzahl der Gitter	3		4		5		6	
ASM	10	9.84 / 0.251	13	2.20 / 0.308	15	4.87 / 0.379	21	6.51 / 0.507
MSM	7	6.88 / 0.132	8	2.40 / 0.149	9	2.94 / 0.188	11	3.53 / 0.259

Tabelle 5.1: $C_I = V11(\omega\text{-Jacobi})$, $B_I = V11(\omega\text{-Jacobi})$, $C_C = \delta(-1\ 2\ -1)^{0.5}$

Anzahl der Gitter	3		4		5		6	
ASM	9	2.52 / 0.185	11	5.80 / 0.271	14	7.43 / 0.365	20	7.40 / 0.494
MSM	6	3.75 / 0.085	6	3.96 / 0.086	6	5.77 / 0.091	7	1.38 / 0.105

Tabelle 5.2: $C_I = V11$ (Gauß-Seidel $\uparrow\downarrow$), $B_I = V11(\omega\text{-Jacobi})$, $C_C = \delta(-1\ 2\ -1)^{0.5}$

Anzahl der Gitter	3		4		5		6	
ASM	9	$\frac{9.85}{0.215}$	10	$\frac{6.51}{0.241}$	11	$\frac{3.65}{0.260}$	12	$\frac{4.70}{0.297}$
MSM	7	$\frac{3.49}{0.120}$	7	$\frac{4.87}{0.125}$	7	$\frac{5.85}{0.129}$	7	$\frac{9.17}{0.137}$

Tabelle 5.3: $C_I = V11(\omega\text{-Jacobi})$, $B_I = V11$ (Gauß-Seidel $\uparrow\downarrow$) , $C_C = \delta(-1\ 2\ -1)^{0.5}$

Anzahl der Gitter	3		4		5		6	
ASM	8	$\frac{2.31}{0.148}$	8	$\frac{5.09}{0.163}$	9	$\frac{3.78}{0.193}$	10	$\frac{4.54}{0.232}$
MSM	6	$\frac{2.70}{0.080}$	6	$\frac{1.51}{0.073}$	5	$\frac{9.91}{0.063}$	6	$\frac{1.21}{0.070}$

Tabelle 5.4: $C_I = V11$ (Gauß-Seidel $\uparrow\downarrow$), $B_I = V11$ (Gauß-Seidel $\uparrow\downarrow$) , $C_C = \delta(-1\ 2\ -1)^{0.5}$

Anzahl der Gitter	3		4		5		6	
ASM	7	$\frac{8.33}{0.135}$	9	$\frac{3.67}{0.193}$	12	$\frac{5.53}{0.201}$	17	$\frac{4.57}{0.424}$
MSM	6	$\frac{1.12}{0.069}$	5	$\frac{3.30}{0.051}$	5	$\frac{1.78}{0.045}$	5	$\frac{0.97}{0.040}$

Tabelle 5.5: $C_I = W22$ (Gauß-Seidel $\uparrow\uparrow\downarrow\downarrow$) , $B_I = V11(\omega\text{-Jacobi})$, $C_C = \delta(-1\ 2\ -1)^{0.5}$

Anzahl der Gitter	3		4		5		6	
ASM	9	$\frac{3.34}{0.191}$	9	$\frac{7.91}{0.210}$	9	$\frac{6.29}{0.205}$	9	$\frac{6.81}{0.206}$
MSM	7	$\frac{2.01}{0.110}$	7	$\frac{2.28}{0.112}$	7	$\frac{1.85}{0.109}$	7	$\frac{9.10}{0.098}$

Tabelle 5.6: $C_I = V11(\omega\text{-Jacobi})$, $B_I = W22$ (Gauß-Seidel $\uparrow\uparrow\downarrow\downarrow$) , $C_C = \delta(-1\ 2\ -1)^{0.5}$

Anzahl der Gitter	3		4		5		6	
ASM	6	$\frac{6.74}{0.094}$	6	$\frac{3.40}{0.084}$	6	$\frac{1.90}{0.076}$	6	$\frac{1.97}{0.076}$
MSM	5	$\frac{5.16}{0.055}$	5	$\frac{2.17}{0.046}$	4	$\frac{9.05}{0.031}$	4	$\frac{3.45}{0.024}$

Tabelle 5.7: $C_I = W22$ (Gauß-Seidel $\uparrow\uparrow\downarrow\downarrow$) , $B_I = W22$ (Gauß-Seidel $\uparrow\uparrow\downarrow\downarrow$) $C_C = \delta(-1\ 2\ -1)^{0.5}$

Bereits diese einfachen Beispiele zeigen eine deutliche Verbesserung der Konvergenzeigenschaften des CG-Verfahrens durch die Benutzung der MSM-DD-Vorkonditionierung im Vergleich zur ASM-DD-Vorkonditionierung.

5.2 Numerische Experimente mit der hierarchischen DD-Vorkonditionierung auf einem Transputerhypercube

Aus den umfangreichen numerischen Experimenten mit der hierarchischen DD-Vorkonditionierungstechnik auf Parallelrechnern, die aus 2 bis 32 Transputern T800 (Hypercubearchitektur) aufgebaut waren, sollen hier zwei typische Beispiele ausgewählt werden.

Zunächst betrachten wir die Poisson-Gleichung

$$-\Delta u = -1$$

mit wechselnden Dirichlet- und Neumann-Randbedingungen in dem ringförmigen Gebiet Ω aus Abschnitt 2 (siehe Bild 2.1). Die Grobtriangularisierung besteht aus 16 Dreiecken, so daß 2,4,8 und 16 Prozessoren zum Einsatz kamen. Bei gegebener Gebietszerlegung hat die Zuordnung der Dreiecke zu den Prozessoren keinen Einfluß auf die Güte der hierarchischen Vorkonditionierung (im

Gegensatz zur DD-Vorkonditionierung). Deshalb ergeben sich bei allen Prozessoranzahlen gleiche Iterationszahlen, die in der Tabelle 5.8 angegeben werden.

Levels l	Anzahl der Unbekannten N	Anzahl der Iterationen ($\varepsilon = 10^{-4}$)	Rechenzeiten [in Sekunden] $p = 2$	 $p = 4$	 $p = 8$	 $p = 16$
2	160	23	3"	3"	3"	3"
3	576	28	4"	3"	3"	3"
4	2175	34	8"	5"	5"	3"
5	8448	39	28"	16"	10"	7"
6	33280	44	-	60"	33"	20"
7	132096	49	-	-	125"	70"

Tabelle 5.8: Numerische Resultate für $-\Delta u = -1$ im ringförmigen Gebiet Ω (Bild 2.1) unter wechselnden Dirichlet- und Neumann-Randbedingungen (siehe auch Bemerkung 5.1)

Bemerkung 5.1. *Die ersten Zeilen der Tabelle 5.8 zeigen, daß von allen Zeiten etwa 3" zu subtrahieren sind (Zwischenergebnisprotokollierung). Hiermit zeigen die unteren Zeilen in der Tat Beschleunigungen nahezu proportional zur Prozessoranzahl.*

Zu Vergleichszwecken wählen wir nun ein etwas komplizierteres Problem. Wir betrachten ein ebenes (ebener Verzerrungszustand), lineares Elastizitätsproblem im gleichen ringförmigen Gebiet Ω aus Bild 2.1 mit der gleichen Anordnung der Dirichlet- und Neumann-Ränder. Obwohl im Vergleich zur Poisson-Gleichung jetzt doppelt so viele Unbekannte zu berechnen sind und die Matrix-Vektor-Multiplikation aufwendiger ist, erhöhen sich die Rechenzeiten bei der hierarchischen DD-Vorkonditionierung (jetzt für jede Verschiebungskomponente einzeln angewendet !) nur um das 3-fache, wie folgende Beispielrechnung mit 8 Prozessoren zeigt (Tabelle 5.9). Im Bild 5.2 ist das deformierte Gebiet zu sehen, was im Ergebnis einer Rechnung auf dem Level 3 erhalten wurde.

Um die Prozessoranzahl im Hypercube innerhalb der Hypercube-Architektur weiter erhöhen zu können, wurden die Transputer über ein Link zu Doppelknoten verbunden. Diese Doppelknoten mit jetzt 6 freien Links nach außen können bis zu einem 6-dimensionalen Hypercube vernetzt werden. Für eine Gebietszerlegung in 32 Grobdreiecke wird deshalb eine Beispielrechnung für ein ebenes,

Levels l	Anzahl der Unbekannten N	Anzahl der Iterationen ($\varepsilon = 10^{-4}$)	Rechenzeiten [in Sekunden] $p = 8$
2	320	35	3"
3	1152	40	5"
4	4352	44	10"
5	16896	46	30"
6	66560	49	113"

Tabelle 5.9: Numerische Resultate für ein lineares Elastizitätsproblem im ringförmigen Gebiet Ω (Bild 5.1) unter wechselnden Verschiebungs- und Kräfterandbedingungen

lineares Elastizitätsproblem mit 8,16 und 32 Prozessoren (vernetzt als 2-,3- und 4-dimensionaler Hypercube von Doppelknoten) angefügt. In diesem Beispiel ist $\Omega = (0,1) \times (0,1)$ das Einheitsquadrat, das in 4 mal 4 Quadrate und somit in 32 kongruente Dreiecke zerlegt wurde. Vorgegebene Verschiebungen waren $\vec{u} = (0,0)^T$ bei $y = 0$ und $\vec{u} = (0,-\delta)^T$ bei $y = 1$ und $0.25 \leq x \leq 0.75$. Die Tabelle 5.10 zeigt wieder Iterationszahlen und Rechenzeiten für dieses Beispiel. Abbbruchschranke ε war in allen Beispielen 10^{-4}. Das deformierte Gebiet ist im Bild 5.3 dargestellt.

Level l	Anzahl der Unbekannten N	Anzahl der Iterationen ($\varepsilon = 10^{-4}$)	Rechenzeiten [in Sekunden] $p = 8$	 $p = 16$	 $p = 32$
3	2178	40	6"	4"	4"
4	8450	42	13"	8"	7"
5	33282	45	41"	23"	17"
6	132096	47	-	84"	53"
7	526338	48	-	-	185"

Tabelle 5.10: Numerische Resultate für ein lineares Elastizitätsproblem im Einheitsquadrat unter wechselnden Randbedingungen

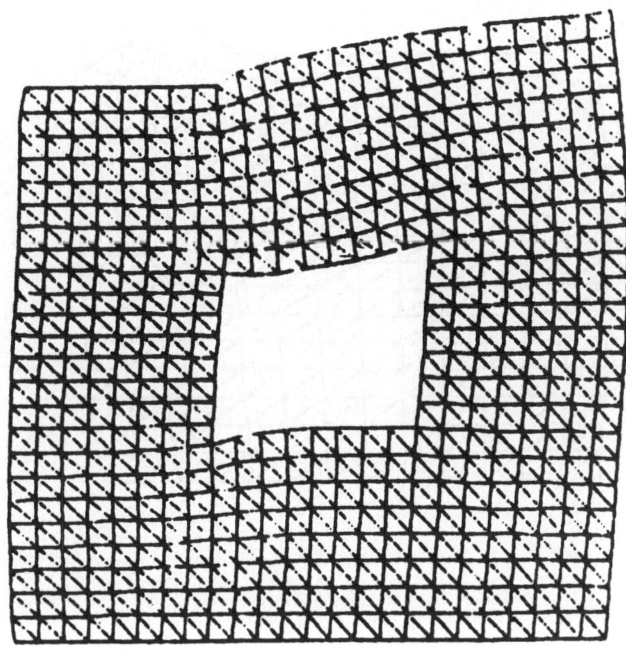

Abbildung 5.2: Das zum undeformierten Gebiet Ω aus Bild 2.1 gehörende deformierte Gebiet nach einer Berechnung des Elastizitätsproblems auf dem Level 3

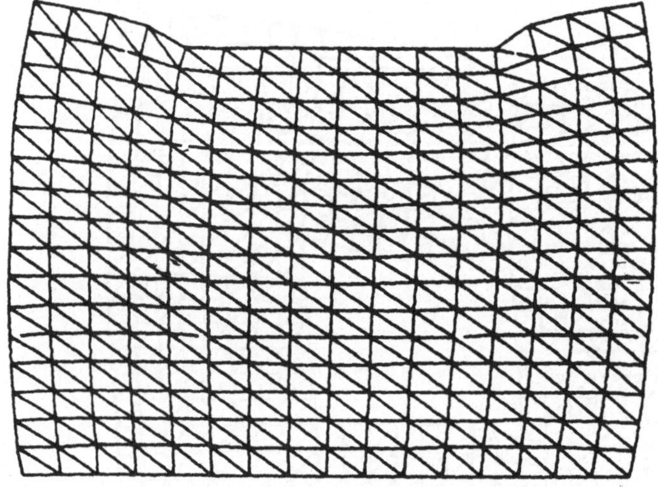

Abbildung 5.3: Deformiertes Einheitsquadrat beim Elastizitätsproblem (siehe Tabelle 5.10).

Literatur

[AV91] Ove Axelsson and P. S. Vassilevski. Construction of variable-step preconditioners for inner-outer iteration methods. In *Proceedings of the IMACS*, 1991. Brussels, April 2-4, 1991.

[B$\ddot{8}$9a] E. Bänsch. Local mesh refinement in 2 and 3 dimensions. Technical Report SFB256, Rhein. Friedrich-Wilhelm-Univ. Bonn, 1989.

[B$\ddot{8}$9b] C. Börgers. The Neumann-Dirichlet domain decomposition method with inexact solvers on the subdomains. *Numer. Math*, 55(2):123–136, 1989.

[BMS91] B. E. Bjørstad, R. Moe, and M. Skogen. Parallel domain decomposition and iterative refinement algorithms. In *[Hac91]*, pages 28–46, 1991.

[BPS89] J. H. Bramble, J. E. Pasciak, and A. H. Schatz. The construction of preconditioners for elliptic problems by substructuring. i-iv. *Math. Comp.*, 47, 49, 51, 53(175, 179):103–234, 1-16, 415–430, 1–24, 1986, 1987, 1988, 1989.

[BPX90] J. H. Bramble, J. E. Pasciak, and J. Xu. Parallel multilevel preconditioners. *Math. Comp.*, 1990.

[CGPW89] Tony F. Chan, R. Glowinski, J. Périaux, and O. B. Widlund, editors. *Second International Symposium on Domain Decomposition Methods for Partial Differential Equations*, Philadelphia, 1989. SIAM. Los Angeles, California, January 14-16, 1988.

[CGPW90] Tony F. Chan, R. Glowinski, J. Périaux, and O. B. Widlund, editors. *Third International Symposium on Domain Decomposition Methods for Partial Differential Equations*, Philadelphia, 1990. SIAM. Houston, March 20-22, 1989.

[Cia78] Ph. Ciarlet. *The finite element method for elliptic problems.* North-Holland Publishing Company, Amsterdam-New York-Oxford, 1978.

[Dry82] M. Dryja. A capacitance matrix method for Dirichlet problems on polygonal regions. *Numer. Math.*, 39(1):51–64, 1982.

[DW87] M. Dryja and O. B. Widlund. An additive variant of Schwarz alternating method for the case of many subregions. Technical Report 339, Department of Computer Science, Courant Institute, New York, 1987. also Ultracomputer Note 131.

[DW90] M. Dryja and O. B. Widlund. Towards a unified theory of domain decomposition algorithms for elliptic problems. In *[CGPW90]*, pages 3–21. SIAM, Philadelphia, 1990.

[DW91] M. Dryja and O. B. Widlund. Multilevel additive methods for elliptic finite element problems. In *[Hac91]*, pages 58–69, 1991.

[GGMP88] R. Glowinski, G. H. Golub, G. A. Meurant, and J. Périaux, editors. *First International Symposium on Domain Decomposition Methods for Partial Differential Equations*, Philadelphia, 1988. SIAM. Paris, January 1987.

[GL90] Gerhard Globisch and Ulrich Langer. On the use of multigrid preconditioners in a multigrid software package. In Sabine Hengst, editor, *Proceedings of the "4-th Multigrid Seminar"held at Unterwirbach, GDR, May 2-6, 1989*, pages 105–134, Berlin, 1990. Academy of Science. Report-Nr. R-MATH-03/90.

[Hac91] W. Hackbusch, editor. *Parallel Algorithms for Partial Differential Equations*, Braunschweig, 1991. Vieweg. Proceedings of the Sixth GAMM-Seminar, Kiel, January 19-21, 1990.

[HL91a] Gundolf Haase and Ulrich Langer. The non-overlapping domain decomposition multiplicative Schwarz method. Preprint, TU Chemnitz, 1991. Eingereicht.

[HL91b] Gundolf Haase and Ulrich Langer. On the use of multigrid preconditioners in the domain decomposition method. In *[Hac91]*, pages 101–110, 1991.

[HLM90] Gundolf Haase, Ulrich Langer, and Arnd Meyer. A new approach to the Dirichlet decomposition method. In Sabine Hengst, editor, *Proceedings of the "5-th Multigrid Seminar"held at Eberswalde, GDR, May 14-18, 1990*, pages 1–59, Berlin, 1990. Academy of Science. Report-Nr. R-MATH-09/90.

[HLM91] Gundolf Haase, Ulrich Langer, and Arnd Meyer. Domain decomposition preconditioners with inexact subdomain solvers. Preprint 192, TU Chemnitz, 1991. Appears in the "Journal of Numerical Linear Algebra with Applications".

[JL] Michael Jung and Ulrich Langer. Applications of multilevel methods to practical problems. *Surveys on Mathematics for Industry.* eingereicht.

[Law89] K. H. Law. A parallel finite element solution method. *Computer and Structures*, 23(6):845–858, 1989.

[Lio90] P. L. Lions. On the Schwarz alternating method I,II,III. In *[GGMP88], [CGPW89], [CGPW90]*, pages 1–42, 47–70, 202–223. SIAM, Philadelphia, 1988, 1989, 1990.

[Mey90] Arnd Meyer. A parallel preconditioned conjugate gradient method using domain decomposition and inexact solvers on each subdomain. *Computing*, 45:217–234, 1990.

[Prz63] J. S. Przemieniecki. Matrix structural analysis of substructures. *AIAA J.*, 1:138–147, 1963.

[Sch90] H. A. Schwarz. *Über einige Abbildungsaufgaben. Gesammelte Mathemathische Abhandlungen*, volume 2. Springer, Bonn, 1890. First published in "Vierteljahresschrift der Naturforschenden Gesellschaft in Zürich"1870, v.15, pp 272-286.

[SN89] A. A. Samarski and E. S. Nikolaev. *Numerical methods for grid equations. Vol. II : Iterative Methods.* Birkhäuser-Verlag, Basel-Boston-Berlin, 1989.

[Sob36] S. L. Sobolev. The Schwarz algorithm in the theory of elasticity. *Dokl. Acad. Nauk USSR*, 4:243–246, 1936.

[Xu90] J. Xu. Iterative methods by space decomposition and subspace correction: A unifying approach. Technical Report AM67, Department of Mathematics, Penn State University, 1990.

[Yse86a] H. Yserentant. Hierarchical basis give conjugate gradient type methods a multigrid speed of convergence. *Appl. Math. and Comp.*, 19:347–358, 1986.

[Yse86b] H. Yserentant. On the multi-level splitting of finite element spaces. *Numer. Math.*, 49(4):379–412, 1986.

[Yse90] H. Yserentant. Two preconditioners on the multi-level-splitting of finite element spaces. *Numer. Math.*, 58:163–184, 1990.

Das Prinzip des Zeitparallelismus zur Lösung instationärer partieller Differentialgleichungen auf Multiprozessoren

G. Horton und R. Knirsch

Lehrstuhl für Rechnerstrukturen (IMMD 3),
Universität Erlangen-Nürnberg,
Martensstr. 3,
D-8520 Erlangen

Übersicht

Wir betrachten die Lösung instationärer partieller Differentialgleichungen auf Multiprozessoren. Herkömmliche parallele Verfahren für diese Problemklasse lösen eine Sequenz von Ortsproblemen zu aufeinanderfolgenden diskreten Zeitpunkten. In diesem Beitrag wird eine alternative Strategie betrachtet, bei der aufeinanderfolgende Zeitschichten verschiedenen Prozessoren zugeordnet und simultan gelöst werden. Die Eigenschaften, die zum Erfolg eines solchen zeitparallelen Verfahrens notwendig sind, werden dargestellt und mit den Ergebnissen von Implementierungen verschiedener zeitparalleler Verfahren verglichen. Die Unterschiede zu den üblichen, ortsparallelen Verfahren werden aufgezeigt und die erzielten Ergebnisse diskutiert.

1 Einführung

Das Lösen von Systemen instationärer partieller Differentialgleichungen ist eine der wichtigsten Klassen von numerisch intensiven Problemen in der technisch-wissenschaftlichen Datenverarbeitung. Aus diesem Grund sind sie in den letzten Jahren bezüglich ihrer Parallelisierbarkeit untersucht worden. Fast alle Parallelisierungsansätze basieren auf der Unterteilung des räumlichen Gebiets und führten so zu den Gebietszerlegungs- und den Gebietspartitionierungsmethoden. Alle diese Ansätze dieser Art führen die Integration in Zeitrichtung sequentiell durch. Da jedoch bei vielen instationären Problemen die Anzahl der diskreten Zeitpunkte die Anzahl der Gitterpunkte in einer Raumrichtung wesentlich übersteigt, liegt die Frage nahe, ob eine Parallelisierung nicht auch in Zeitrichtung möglich ist. Solche Methoden werden wir als *zeitparallele* Methoden bezeichnen, im Gegensatz zu den üblichen *ortsparallelen* Methoden.

Zeitparallele Verfahren können leicht aus dem Standardproblem abgeleitet werden. Dies geschieht dadurch, daß das stationäre Problem eines diskreten Zeitpunkts vervielfacht wird und zu einem erweiterten Gleichungssystem zusammengefaßt wird. Dieser Ansatz findet bis jetzt in der Literatur wenig Beachtung, da die Integration in Zeitrichtung eine sequentielle Bearbeitung zu erfordern scheint. Zeitparallele Methoden beruhen auf dem Prinzip der Blockverfahren, die von Milne [MILN 53] vorgeschlagen wurden. Womble [WOMB 90] hat die Möglichkeit der Zeitparallelisierung betrachtet, wobei er die Arbeit der zusätzlichen Prozessoren als die Berechnung verbesserter Startwerte interpretiert. Auch weist Worley [WORL 91] darauf hin, daß bei einer Wellenform-Methode eine Parallelisierung in Zeitrichtung möglich ist.

Für das erweiterte Gleichungssystem der zeitparallelen Methode können entsprechende Varianten aller bekannten Iterationsverfahren definiert werden. So hat z.B. Hackbusch in [HACK 84] gezeigt, wie der zeitparallele Ansatz auf ein Mehrgitterverfahren angewandt werden kann. Die resultierende Methode wurde von Burmeister [BURM 85] für die eindimensionale Wärmeleitungsgleichung analysiert, wobei für das Verfahren eine von der Anzahl parallel berechneter Zeitschichten unabhängige Konvergenzrate gezeigt werden konnte.

Das zeitparallele lineare Mehrgitterverfahren wurde von Bastian, Burmeister und Horton in [BAST 90] auf dem speichergekoppelten Multiprozessor DIRMU und von Knirsch [KNIR 90] auf einem Transputersystem implementiert. Horton und Knirsch [HOR1 91] haben gezeigt, wie die zeitparallele Methode die effiziente Implementierung eines Extrapolationsverfahrens zur Verbesserung der Diskretisierung der Zeitableitung gestattet. Diese Technik führt zu einer Erhöhung des verfügbaren Parallelitätsgrades und der Genauigkeit der Lösung. Burmeister und Horton [BURM 91] und Horton [HOR2 91] stellten ein zeitparalleles Lösungsverfahren für die inkompressiblen Navier-Stokes-Gleichungen vor.

Im nächsten Abschnitt wird kurz das Prinzip des Zeitparallelismus dargestellt und dann auf die für den Erfolg eines solchen Verfahrens maßgeblichen Faktoren eingegangen. In Abschnitt 4 werden zwei Anwendungsbeispiele beschrieben: ein zeitparalleles Lösungsverfahren für die inkompressiblen Navier-Stokes-Gleichungen und der Einsatz eines zeitparallelen Verfahrens in einer Extrapolationsmethode. Ergebnisse aus Implementierungen dieser Verfahren werden in Abschnitt 5 präsentiert. Abschnitt 6 vergleicht die zeit- und ortsparallelen Ansätze zur Lösung instationärer partieller Differentialgleichungen.

2 Das Prinzip des Zeitparallelismus

Wir betrachten eine partielle Differentialgleichung für $u(t,x,y)$:

$$\frac{\partial u}{\partial t} + \mathcal{L}(u) = q(t,x,y), \quad (x,y) \in \Omega \subset R^2, \quad 0 < t \leq T$$

mit dem elliptischen Operator $\mathcal{L}$ und den notwendigen Randwerten und Anfangswerten bei $t = 0$.

Mittels der Semidiskretisierungsmethode werden zunächst die Ortsableitungen mit einer Standardmethode wie Finite-Elemente, Finite-Differenzen oder Finite-Volumen diskretisiert. Dann wird mit einer impliziten Methode die Zeitableitung diskretisiert. Der Einfachheit halber werden wir nur die implizite Euler-Methode betrachten. Darüberhinaus wird eine konstante Zeitschrittweite Δt angenommen.

Wir erhalten dann eine Sequenz von Problemen zu den diskreten Zeitpunkten $t_0, \ldots, t_m$ mit der folgenden Struktur:

$$\tfrac{1}{\Delta t} u_{k+j} + \mathcal{L} u_{k+j} = q_{k+j} + \tfrac{1}{\Delta t} u_{k+j-1} \ , \ j = 1, \ldots, m \ .$$

Die übliche Vorgehensweise, diese Problemsequenz zu lösen, besteht darin, die unbekannten Gitterfunktionen $u_{k+1}, u_{k+2}, \ldots$ sequentiell zu berechnen. Da durch die Wahl einer impliziten Diskretisierung der Zeitableitung zu jedem diskreten Zeitpunkt ein Gleichungssystem zu lösen ist, muß diese Lösung iterativ geschehen. Hierfür werden Standardverfahren wie SOR, konjugierte Gradienten- oder Mehrgitterverfahren eingesetzt. Parallele Lösungsverfahren verteilen das Gitter zu jedem Zeitpunkt auf die vorhandenen Prozessoren mit der Absicht, jede Iteration in kürzerer Zeit durchzuführen. Die sequentielle Berechnung der Zeitschichten wird jedoch beibehalten. Dies bedeutet, daß die potentielle Beschleunigung durch Parallelverarbeitung durch die Beschleunigung der Lösung einer Zeitschicht beschränkt ist.

Blockmethoden können auf einfache Weise durch die Zusammenfassung der zu lösenden Gleichungen mehrerer aufeinanderfolgender Zeitschichten hergeleitet werden. Bei der zeitparallelen Lösung dieses Blocksystems wird jede Zeitschicht einem anderen Prozessor zugewiesen. Das erweiterte System wird dann parallel mit einem iterativen Verfahren gelöst. Da bei dieser Vorgehensweise ein Prozessor eine ganze Zeitschicht bearbeitet, ist die Dauer einer Iteration bis auf Kommunikationszeiten gleich der entsprechenden Zeit beim Monoprozessor. Die Beschleunigung wird dadurch erreicht, daß mehrere Zeitschichten

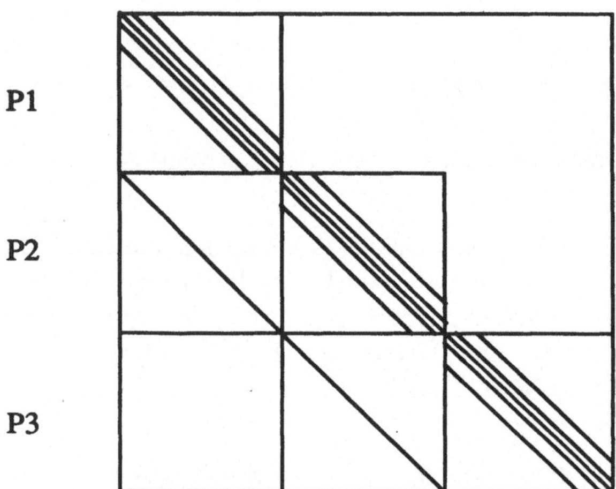

Abbildung 1: Erweitertes Gleichungssystem eines zeitparallelen Verfahrens

simultan gelöst werden, d.h. die Gesamtzahl der durchzuführenden Iterationen wird verringert. Aus diesem Grunde kann man von einer *Parallelisierung der Methode* sprechen, im Gegensatz zur üblichen *Parallelisierung der Daten.*

Abbildung 1 zeigt die Struktur der Matrix des erweiterten Gleichungssystems für drei parallel zu bearbeitenden Zeitschichten. Der Matrix liegt ein zweidimensionales Problem, diskretisiert mit einem Fünf-Punkte-Stern auf einem regulären, rechteckigen Gitter, zugrunde.

Zur Lösung dieses Systems können im Ort alle Standardverfahren verwendet werden. Je nachdem, ob die Block-Nebendiagonalmatrizen explizit oder implizit berücksichtigt werden, erhält man ein Block-Jacobi- bzw. ein Block-Gauß-Seidel-Verfahren. Während die Parallelisierung der Block-Jacobi-Methode offensichtlich ist, muß bei dem Block-Gauß-Seidel-Verfahren eine feine Granularität in Kauf genommen werden: Pro Gitterpunkt muß eine Kommunikation mit dem Nachbarprozessor durchgeführt werden (vgl. [KNIR 90]).

Wir betrachten nun ein spezielles zeitparalleles Verfahren, die parabolische Mehrgittermethode, die von Hackbusch in [HACK 84] vorgeschlagen wurde.

Der folgende Algorithmus gibt das nichtlineare, parabolische Zweigitterverfahren an. Dabei wird mit $u_l^{(i)}$ die i-te Iterierte auf Gitterebene l und mit S^ν die ν-malige Anwendung eines zeitparallelen Glättungsschrittes bezeichnet.

Nichtlinearer zeitparalleler Zweigitteralgorithmus

Für alle Zeitschichten $j = 1 \dots m$:

- Vorglättung

$$u_{l,k+j}^{(i+\frac{1}{3})} = S_l^{\nu_1} \left(u_{l,k+j}^{(i)}, A_l(u_{l,k+j}^{(i)}), u_{l,k+j-1}^{(I)} \right)$$

- Berechne Defekt

$$d_{l,k+j} = \left(D_l + A_l(u_{l,k+j}^{(i+\frac{1}{3})}) \right) u_{l,k+j}^{(i+\frac{1}{3})} - q_{l,k+j} - D_l u_{l,k+j-1}^{(i+\frac{1}{3})}$$

- Restriktion

$$d_{l-1,k+j} = r d_{l,k+j}$$
$$u_{l-1,k+j} = r u_{l,k+j}^{(i+\frac{1}{3})}$$

- Löse Grobgittergleichung für $v_{l-1,k+j}$

$$\begin{aligned}(D_{l-1} + A_{l-1}(u_{l-1,k+j}))\, v_{l-1,k+j} &= d_{l-1,k+j} + D_{l-1} v_{l-1,k+j-1} \\ &\quad + (D_{l-1} + A_{l-1}(u_{l-1,k+j}))u_{l-1,k+j} \\ &\quad - D_{l-1} u_{l-1,k+j-1}\end{aligned}$$

- Prolongation und Korrektur

$$u_{l,k+j}^{(i+\frac{2}{3})} = u_{l,k+j}^{(i+\frac{1}{3})} - p(v_{l-1,k+j} - u_{l-1,k+j})$$

- Nachglättung

$$u_{l,k+j}^{(i+1)} = S_l^{\nu_2} \left(u_{l,k+j}^{(i+\frac{2}{3})}, A_l(u_{l,k+j}^{(i+\frac{2}{3})}), u_{l,k+j-1}^{(I)} \right)$$

Der Mehrgitteralgorithmus wird durch das Ersetzen des Grobgitterlösens durch einen rekursiven Aufruf definiert. Für den Fall einer einzigen Zeitschicht ($m = 1$) erhält man wieder das bekannte *full approximation storage*-Verfahren. Viele Operationen des obigen Algorithmus wie Defektberechnung, Restriktion, Prolongation und Korrektur können in den verschiedenen Zeitschichten unabhängig voneinander und daher auch parallel durchgeführt werden. Der zeitparallele *Full Multigrid*-Zyklus (FMG) kann auf herkömmliche Weise als das

Berechnen von Lösungen auf sukzessiv feineren Gittern erhalten werden.

Es sind zwei Einsatzvarianten des zeitparallelen Mehrgitterverfahrens möglich: Bei der ersten werden solange V-Zyklen angewandt, bis das Residuum eine vorgegebene Schranke unterschreitet, während bei der zweiten Methode zur Lösung des erweiterten Gleichungssystems ein einziger zeitparalleler FMG-Zyklus angewandt wird. Hier ist insbesondere die Eigenschaft von Interesse, ob auch für das zeitparallele FMG-Verfahren gilt, daß die Diskretisierungsgenauigkeit schon nach einem Zyklus erreicht wird. Dieser Frage geht Horton in [HOR3 91] nach.

3 Erfolgsbestimmende Faktoren eines zeitparallelen Verfahrens

Bei den zeitparallelen Verfahren werden jedem Prozessor alle Variablen einer Zeitschicht zugewiesen (vgl. Abbildung 1) und die Lösung des erweiterten Problems erfolgt dann iterativ. Auf diese Weise wird versucht, die Integration des Zeitintervalls mit einer geringeren Gesamtanzahl von Iterationen zu berechnen als dies im sequentiellen Fall geschieht.

Da beim zeitparallelen Verfahren jeder Prozessor den gleichen Algorithmus auf der gleichen Datenmenge auszuführen hat, wie dies bei der sequentiellen time-stepping Methode der Fall ist, ist der algorithmische Aufwand pro Iteration für beide Verfahren gleich. Allerdings müssen während jeder Iteration Daten ausgetauscht oder Synchronisationen zwischen den Prozessoren durchgeführt werden, so daß die Iterationsdauer der parallelen Methode auf jeden Fall höher sein wird. Bei einem zeitparallelen Verfahren lassen sich zwei weitere Verlustquellen identifizieren: die Verschlechterung der Startwerte und der Anstieg der Konvergenzrate.

Bei jedem Iterationsverfahren müssen vor Beginn der ersten Iteration alle Variablen mit Startwerten vorbesetzt werden. Bei einem Lösungsverfahren für ein instationäres Problem geschieht dies häufig durch Einsetzen der zuletzt bekannten Werte (konstante Fortsetzung). Beim zeitparallelen Verfahren würden dann die Variablen aller Zeitschichten mit den Anfangswerten vorbesetzt. Im allgemeinen stellen die Anfangswerte mit zunehmendem Abstand vom Anfangszeitpunkt eine immer schlechtere Approximation der Lösung dar. Dies führt dazu, daß beim zeitparallelen Verfahren mit konstanter Fortsetzung der Anfangsfehler einer Zeitschicht mit zunehmendem Abstand von der ältesten sich in Bearbeitung befindenden Zeitschicht je nach Lösungsfunktion stark ansteigen kann. In einem solchen Fall wird der Parallelrechner immer mehr Iterationen benötigen, um diesen Fehler auf die vorgegebene Genauigkeit zu reduzieren. Dies wirkt sich natürlich hemmend auf den erzielbaren Speedup aus.

Ein weiterer Faktor, der sich nachteilig auf den erzielbaren Speedup auswirken kann, ist die Konvergenzrate ρ, die als der Quotient des Residuums r nach zwei aufeinanderfolgenden Iterationen i und $i+1$ definiert ist:

$$\rho = \frac{r^{(i+1)}}{r^{(i)}} \quad .$$

Für iterative Verfahren gilt im allgemeinen, je mehr Variablen das Gleichungssystem besitzt, um so größer die Konvergenzrate ρ, d.h. um so mehr Iterationen werden benötigt, um eine vorgegebene Genauigkeit zu erreichen. Diese Aussage gilt zwar nicht für das Mehrgitterverfahren angewandt auf elliptische Probleme, bei dem die Konvergenzrate unabhängig von der Gitterfeinheit ist, aber beim zeitparallelen Verfahren wird die Zeitrichtung nicht mit einem Mehrgitteransatz behandelt. Es ist daher zu erwarten, daß sich mit einer zunehmenden Anzahl von simultan berechneten Zeitschichten die Konvergenzrate verschlechtert. Die analytischen Ergebnisse von Burmeister [BURM 85] zeigen, daß die Konvergenzrate für jede Prozessoranzahl begrenzt ist.

4 Anwendungsbeispiele

Wir betrachten als erstes Anwendungsbeispiel für das zeitparallele Prinzip die zweidimensionalen, inkompressiblen Navier-Stokes-Gleichungen mit konstanter Viskosität μ:

$$\begin{aligned}
\frac{\partial(\rho u)}{\partial t} + \frac{\partial}{\partial x}(\rho u^2 - \mu\frac{\partial u}{\partial x}) + \frac{\partial}{\partial y}(\rho uv - \mu\frac{\partial u}{\partial y}) &= -\frac{\partial p}{\partial x} + f^x \\
\frac{\partial(\rho v)}{\partial t} + \frac{\partial}{\partial x}(\rho uv - \mu\frac{\partial v}{\partial x}) + \frac{\partial}{\partial y}(\rho v^2 - \mu\frac{\partial v}{\partial y}) &= -\frac{\partial p}{\partial y} + f^y \\
\frac{\partial(\rho u)}{\partial x} + \frac{\partial(\rho v)}{\partial y} &= 0
\end{aligned}$$

Zur Lösung dieser Gleichungen wird häufig die SIMPLE-Methode *(Semi-Implicit Method for Pressure-Linked Equations)* von Patankar und Spalding [PATA 72] verwendet. Sie wird sowohl als Lösungsverfahren als auch als Glätter im Mehrgitterverfahren eingesetzt.

Eine Iteration der SIMPLE-Methode besteht aus einer unvollständigen Zerlegung der linearisierten Systemmatrix und der anschliessenden Auflösung der daraus entstehenden Block-Dreieckssysteme.

Die zeitparallele SIMPLE-Methode erhält man durch die Zusammenfassung der diskreten Gleichungen der m aufeinanderfolgenden Zeitpunkte:

$$\begin{bmatrix} Q_1 & G & & & & & \\ -K & 0 & & & & & \\ -D & 0 & Q_2 & G & & & \\ & & -K & 0 & & & \\ & & & & \ddots & & \\ & & & & -D & 0 & Q_m & G \\ & & & & & & -K & 0 \end{bmatrix} \begin{bmatrix} u_1 \\ p_1 \\ u_2 \\ p_2 \\ \vdots \\ u_m \\ p_m \end{bmatrix} = \dots$$

Die Submatrizen Q_j beziehen sich auf die Impulsgleichungen, G auf die Gradienten des Druckes, K auf die Kontinuitätsgleichungen und D auf den $\frac{1}{\Delta t}$-Term der diskretisierten Zeitableitung.

Es wird eine unvollständige Block-Zerlegung dieser Systemmatrix vorgenommen, um das folgende Produktsystem LU zu erhalten, wobei die (dichtbesetzten) Inversen der Matrizen Q_j durch die Diagonalmatrizen R_j approximiert werden:

$$\begin{bmatrix} Q_1 & & & & & \\ -K & KR_1G & & & & \\ -D & 0 & Q_2 & & & \\ & & -K & KR_2G & & \\ & & \ddots & & \ddots & \\ & & -D & 0 & Q_m & \\ & & & & -K & KR_mG \end{bmatrix} \begin{bmatrix} I & R_1G & & & & \\ & I & & & & \\ & & I & R_2G & & \\ & & & I & & \\ & & & & \ddots & \\ & & & & I & R_mG \\ & & & & & I \end{bmatrix}$$

Die Matrix U stellt lediglich eine Korrektur dar, wobei die Lösungswerte zu verschiedenen Zeitpunkten voneinander unabhängig sind. Die Auflösung dieses Systems kann also ohne weiteres zeitparallel durchgeführt werden.

Die Impulsgleichungen der einzelnen Raumrichtungen, die durch die Diagonalmatrizen D über die Zeitrichtung miteinander gekoppelt sind, haben die Form einer linearen Konvektions-Diffusions-Gleichung. Diese Systeme haben die in Abbildung 1 dargestellte Form und können mit einer Block-Gauß-Seidel- oder einer Block-Jacobi-Iteration zeitparallel gelöst werden.

Nach dem Lösen der Impulsgleichungen haben die Druckkorrekturgleichungen Block-Diagonalgestalt und können somit ebenfalls zeitparallel gelöst werden.

Als zweites Anwendungsbeispiel betrachten wir das Extrapolationsverfahren zur Erhöhung der Diskretisierungsgenauigkeit bei Systemen gewöhnlicher Differentialgleichungen. Extrapolationsverfahren beruhen auf der Annahme, daß zwischen der kontinuierlichen Lösung u einer Differentialgleichung im Punkt t_K und einer berechneten Lösung $\tilde{u}_K$ die folgende Beziehung besteht:

$$\begin{aligned} \tilde{u}_K &= u(t_K) + a_1 \Delta t + a_2 \Delta t^2 + \cdots + O(\Delta t^N) \\ \text{für } \Delta t &\rightarrow 0 \ . \end{aligned} \tag{1}$$

Diese Eigenschaft kann für eine Reihe von Integrationsverfahren gezeigt werden. Dann kann man eine Linearkombination der m Zwischenlösungen $\tilde{u}_{K,j}$, $j = 1, \ldots, m$ bilden, die durch die Integration von t_K bis t_{K+1} mit den Schrittweiten Δt_j, $j = 1, \ldots, m$ gewonnen werden, um somit sukzessiv Terme der Gleichung (1) zu eliminieren. Dadurch wird eine neue Lösung erzeugt, die genauer ist als alle Zwischenlösungen. Typischerweise werden für die Schrittweiten $\Delta t_1 = t_K - t_{K-1}$ und $s_j \Delta t_j = \Delta t_1$ mit $s_j = (2, 4, 8, 16, \ldots)$ oder $s_j = (2, 4, 6, 8, \ldots)$ gewählt.

Extrapolationsmethoden bilden die verbesserte Lösung durch die Berechnung der folgenden Extrapolationstafel:

$$\begin{array}{lllll} P_{1,1} & & & & \\ P_{2,1} & P_{2,2} & & & \\ P_{3,1} & P_{3,2} & P_{3,3} & & \\ \vdots & \vdots & \vdots & \ddots & \\ P_{m,1} & P_{m,2} & P_{m,3} & \cdots & P_{m,m} \end{array}$$

wo die $P_{j,1}$ die Ergebnisse $\tilde{u}_{K,j}$ der Integration mit Schrittweite Δt_j und die $P_{j,j}$ die neuen, verbesserten Lösungen darstellen.

Die $P_{i,j}$, $j = 2, \ldots, m$ werden durch den folgenden Algorithmus von Neville berechnet:

$$P_{i,j} = P_{i,j-1} + \frac{P_{i,j-1} - P_{i-1,j-1}}{\frac{\Delta t_{i-j+1}}{\Delta t_i} - 1}$$

Der Algorithmus ermöglicht die Durchführung der Extrapolation, ohne die Koeffizienten a_i der Gleichung (1) zu verwenden.

Wird für die Integrationen ein zeitparalleles Verfahren wie das parabolische Mehrgitterverfahren verwendet, so kann die Berechnung der $P_{j,1}$, $j = 1, \ldots, m$ mit einer der Anzahl der Zeitschichten entsprechenden Anzahl von Prozessoren p_j durchgeführt werden: $p_j = s_j$. Die Gesamtzahl der verwendeten Prozessoren ist somit $2^m - 1$. Auf diese Weise erhält man ein Lösungsverfahren mit hoher Genauigkeit und einer ausgewogenen Lastverteilung.

5 Ergebnisse

Da der zeitparallelen Methode eine Vergrößerung des iterativ zu lösenden Gleichungnssystemes zugrundeliegt, ist damit zu rechnen, daß die Anzahl der notwendigen Iterationen sich mit steigender Problemgröße erhöht. Dies führt neben den notwendigen Kommunikationen und Synchronisationen zu einem Effizienzverlust. Um diese Verluste genauer zu erfassen, betrachten wir die Gesamteffizienz der Methode E_{ges} als das Produkt der *numerischen* Effizienz E_{num} und der *parallelen* Effizienz E_{par}, die folgendermaßen definiert sind:

$$\begin{aligned} E_{par} &= \frac{T_{Iter}(1)}{T_{Iter}(p)} \\ E_{num} &= \frac{\#Iter(1)}{p * \#Iter(p)} \\ E_{ges} &= E_{num} * E_{par} \end{aligned}$$

wobei $T_{Iter}(p)$ die Rechenzeit einer Iteration auf p Prozessoren und $\#Iter(p)$ die Gesamtanzahl der notwendigen Iterationen bedeutet.

Die numerische Effizienz beschreibt den im Vergleich zum sequentiellen Algorithmus beobachteten Anstieg der Iterationsanzahl, die zur Integration eines bestimmten Zeitintervalls notwendig ist. Die parallele Effizienz ist das Verhältnis der Rechenzeit für eine Iteration auf einem und auf p Prozessoren. Sie beschreibt die Verluste durch Kommunikation und Synchronisation.

Der Implementierung des zeitparallelen SIMPLE-Verfahrens liegt die Methode von Demirdzic und Peric [DEMI 90] zugrunde. Als Modellproblem dient eine Variante der bekannten Nischenströmung, bei der der Deckel, im Gegensatz zum Standardfall, nicht mit konstanter Geschwindigkeit, sondern mit der Geschwindigkeit $u = \sin(t)$ bewegt wird. Das Problemgebiet wurde mit einem

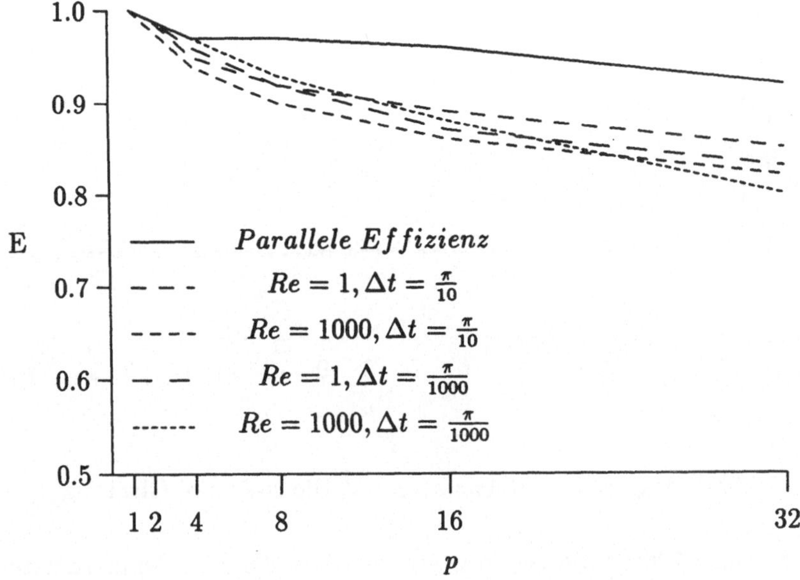

Abbildung 2: Effizienzen des zeitparallelen Navier-Stokes-Lösers

Gitter der Größe 64×64 diskretisiert, und es wurden insgesamt fünf Gitterebenen benutzt. Die Lösung erfolgte mit V-Zyklen und den Glättungsparametern $\nu_1 = \nu_2 = 3$. Es wurden die Reynoldszahlen $Re = 1$ und $Re = 1000$ mit den Zeitschrittweiten $\Delta t = \frac{\pi}{10}$ und $\Delta t = \frac{\pi}{1000}$ untersucht, wobei jeweils 256 Zeitschichten berechnet wurden. Abbildung 2 zeigt die Effizienzen, die mit einem Transputersystem mit bis zu 32 Prozessoren erzielt wurden.

Die parallele Effizienz ist für alle Parameterwahlen gleich, da in allen Fällen die Anzahl der durchzuführenden arithmetischen Operationen gleich ist. Sie beträgt 99% auf zwei und 92% auf 32 Prozessoren. Diese Werte sind sehr hoch und sind darauf zurückzuführen, daß aufgrund der Inkompressibilität der Gleichung zur zeitparallelen Lösung der Druckkorrekturgleichungen keine Kommunikation notwendig ist. Diese haben aber einen hohen Anteil an dem arithmetischen Aufwand in jeder Iteration. Auffallend an der parallelen Effizienz ist, daß sie nur langsam mit steigender Prozessorzahl sinkt. Dies liegt daran, daß der Kommunikationsanteil des zeitparallelen Verfahrens, im Gegensatz zur klassischen Ortsparallelisierung, nahezu konstant ist. Im Standardfall nimmt der Kommunikationsanteil beim Hinzufügen von Prozessoren immer mehr zu.

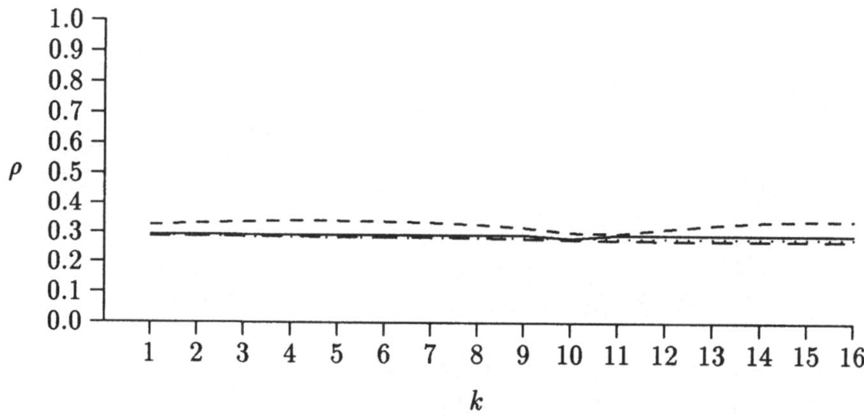

Abbildung 3: Konvergenzraten mit Block-Jacobi-Glättung

Die numerische Effizienz hängt nur schwach von den Problemparametern ab und ist in allen Fällen besser als 87%. Die gesamte Effizienz, die als Produkt der beiden Teileffizienzen definiert ist, beträgt im schlechtesten Fall immer noch 80% auf 32 Prozessoren.

Abbildung 3 zeigt die Konvergenzraten für das Modellproblem, die für alle Zeitschichten etwa gleich sind. Die Verluste in der numerischen Effizienz sind also lediglich auf die Verschlechterung der Startwerte zurückzuführen. Experimente mit linearen, skalaren Modellproblemen haben gezeigt, daß es bei Verwendung des zeitparallelen FMG-Verfahrens möglich ist, gleich große Startresiduen in allen Zeitschichten zu erhalten (vgl. [HOR3 91]).

Abbildung 4 zeigt die parallele Effizienz und den Diskretisierungsfehler $\epsilon = \|u(t_k) - u_k\|_2$, der zeitparallelen Extrapolationsmethode, vgl. [HOR1 91]. Das Verfahren wurde auf die instationäre Wärmeleitungsgleichung mit der Lösung $u(t,x,y) = \sin(2t) + x^2 + y^2$ im Einheitsquadrat angewandt. Das feinste Gitter umfasste 32×32 Punkte und die Zeitschrittweite Δt war 0.1. Als Abbruchschranke für die Residuen wurde 1.0E-9 gewählt.

Der Diskretisierungsfehler ϵ des Verfahrens verringert sich mit der Hinzunahme weiterer Extrapolationszeilen. Insgesamt konnte der Fehler um sechs Größenordnungen durch die Verwendung von 31 Prozessoren verbessert werden. Die Effizienz betrug 95% bei 2 Extrapolationszeilen (3 Prozessoren) und 81% bei 5 Extrapolationszeilen. Durch den Zeitparallelismus war es erstmals möglich,

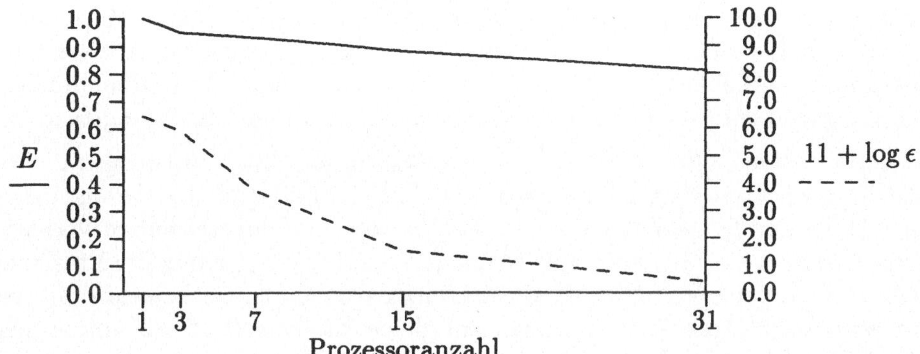

Abbildung 4: Effizienz und Diskretisierungsfehler des zeitparallelen Extrapolationsverfahrens

eine hohe Anzahl von Prozessoren bei einer Extrapolationsmethode gleichmäßig auszulasten. Andere Parallelisierungsversuche leiden an der ungleichen Lastverteilung [BURR 90] oder daran, daß nur wenig Prozessoren effizient eingesetzt werden können [BEMM 91].

6 Vergleich von zeit- und ortsparallelen Verfahren

Zeitparallele Verfahren unterscheiden sich in vielerlei Hinsicht von den herkömmlichen ortsparallelen Methoden. Die wichtigsten Punkte werden im folgenden kurz erläutert.

Lastverteilung. Das Bestimmen einer gleichmäßigen Datenverteilung kann für ortsparallele Verfahren ein ernstes Problem darstellen, vor allem in komplexen Gebieten oder bei nichtstrukturierten Gittern. Um dieses Problem zu lösen, werden verschiedene Techniken wie *recursive bisection* oder *simulated annealing* verwendet, die aber im Vergleich zum sequentiellen Algorithmus einen erheblichen Mehraufwand bedeuten. Das Lastverteilungsproblem ist im zeitparallelen Fall jedoch trivial lösbar, da jeder Prozessor dieselbe Datenmenge erhält.

Vektorisierbarkeit. Die Effizienz von auf Vektor-Multiprozessoren implementierten ortsparallelen Methoden leidet am bekannten Problem der verkürzten Vektorlängen. Die Aufteilung des Gitters führt zu kürzeren Vektoren und somit zu einem Verlust an arithmetischer Leistung. Im zeitparallelen Fall bleiben die Vektorlängen erhalten, da jeder Prozessor das gesamte Ortsgitter bearbeitet.

Granularität. Die Granularität von ortsparallelen Methoden wird mit steigender Prozessorzahl immer feiner, da jeder Prozessor zwischen zwei Kommunikationen immer weniger Punkte zu bearbeiten hat. Dieser Umstand kann zu einer nicht unerheblichen Belastung des Verbindungsnetzwerks führen. Im Gegensatz dazu bleibt die Granularität bei der zeitparallelen Methode gleich.

Kommunikationsaufwand. Der Kommunikationsaufwand von ortsparallelen Verfahren wird mit steigender Prozessorzahl immer größer, da die Gesamtlänge der Ränder der Teilgebiete steigt. Dies führt aufgrund des steigenden Verhältnisses von Rechen- zu Kommunikationszeit zu einer Verringerung der Effizienz. Beim zeitparallelen Verfahren hingegen bleibt der Kommunikationsaufwand pro Prozessor bei steigender Prozessoranzahl gleich, da jeder Prozessor immer ein vollständiges Ortsproblem zu lösen hat.

Implementierungsfragen. Viele parallele Verfahren, die auf einer Datenpartitionierung beruhen, stimmen nicht mit dem sequentiellen Algorithmus überein. Dies gilt insbesondere für die Gebietszerlegungsmethoden. Im Gegensatz dazu bleibt bei der zeitparallelen Methode der Ortsalgorithmus erhalten. Außerdem ist aufgrund der einfachen Datenabhängigkeiten nur ein geringer organisatorischer Aufwand notwendig.

Topologie. Bei allgemeinen ortsparallelen Berechnungen kann aufgrund der Nachbarschaftsbeziehungen der Teilgebiete komplexe Prozeßtopologien entstehen. Insbesondere bei Multiprozessoren mit lokalen Nachbarschaften kann dies einen erheblichen Einfluß auf die erzielbare Effizienz ausüben. Das zeitparallele Verfahren benötigt jedoch nur eine Ringtopologie, die bei allen gängigen Multiprozessoren konfiguriert werden kann.

Abbildung 5 zeigt die numerische und die parallele Effizienz eines orts- und eines zeitparallelen Lösungsverfahrens für die Navier-Stokes-Gleichungen. Beim ortsparallelen Verfahren wurde mit einem 128×32 Punkte umfassenden Gitter die klassische Nischenströmung gelöst. Das zeitparallele Verfahren wurde auf ein 64×64-Gitter angewandt. Ansonsten sind die Verfahren identisch. Beim ortsparallelen Verfahren wird in jedem Prozessor ein lokales Strömungsproblem bearbeitet. In jedem Teilgebiet wird die Gleichung mit einem lokalen ILU-Verfahren gelöst, d.h. die lexikographische Bearbeitung der Gitterpunkte wird unterbrochen und somit der Konvektionsanteil nur ungenügend berücksichtigt. Dies führt bei einer zu feinen Unterteilung des Gitters, wie im vorliegenden Fall bei 8 und 16 Prozessoren, sogar zu Divergenz. Dieses Verhalten zeigt klar, daß für dieses Problem eine zeitparallele Lösungsweise sinnvoller ist als der herkömmliche ortsparallele Ansatz. Es wird außerdem deutlich, daß mit

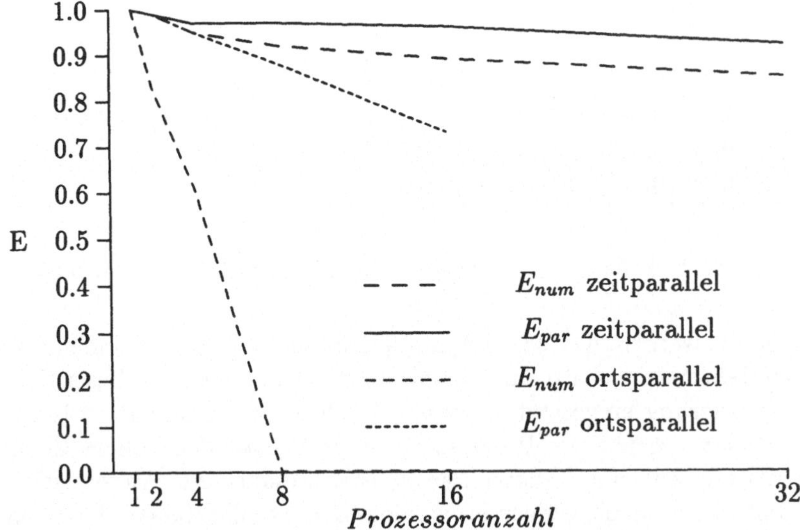

Abbildung 5: Effizienzvergleich von orts- und zeitparallelem Verfahren

steigender Prozessoranzahl der Kommunikationsanteil des ortsparallelen Verfahrens ansteigt, was sich in der schnell fallenden parallelen Effizienz auswirkt.

7 Zusammenfassung

In diesem Beitrag wurde der zeitparallele Ansatz zur Lösung instationärer partieller Differentialgleichungen betrachtet. Das Prinzip wurde dazu verwendet, ein neues paralleles Lösungsverfahren für die inkompressiblen Navier-Stokes-Gleichungen zu konstruieren. Außerdem wurde anhand eines einfachen Modellproblems demonstriert, wie eine zeitparallele Methode den effizienten parallelen Einsatz eines Extrapolationsverfahrens zur Steigerung der Genauigkeit ermöglichen kann.

Die Ergebnisse haben gezeigt, daß die erzielbaren Effizienzen vor allem bei mehr als acht Prozessoren im zeitparallelen Fall wesentlich höher als die eines vergleichbaren ortsparallelen Verfahrens sind. Die Unterscheidung zwischen numerischer und paralleler Effizienz erlaubt es, die Effizienzverluste des parallelen Programms genauer zu identifizieren als dies mit dem herkömmlichen Effizienzbegriff möglich ist.

Obwohl die hier vorgestellte zeitparallele Methode hohe Effizienzen erzielt, sollte sie nicht nur als Alternative zu herkömmlichen ortsparallelen Verfah-

		P_t				
		1	2	4	8	16
P_x	1	1.00 (1.00)	0.96 (0.96)	0.93 (0.93)	0.91 (0.91)	0.90 (0.90)
	2	0.94 (0.94)	0.91 (0.90)	0.86 (0.87)	0.85 (0.86)	0.84 (0.85)
	4	0.86 (0.86)	0.82 (0.83)	0.78 (0.80)	0.77 (0.78)	–
	8	0.70 (0.70)	0.66 (0.67)	0.63 (0.65)	–	–

Tabelle 1: Effizienzen eines zeit- und ortsparallelen Verfahrens

ren betrachtet werden. Da der zeitparallele Ansatz keine Annahmen über das Lösungsverfahren innerhalb einer Zeitschicht macht, kann an dieser Stelle die Ortsparallelisierung eingesetzt werden. Durch diese Kombination lassen sich bei einer festen Anzahl von Prozessoren unter Umständen höhere Effizienzen erzielen als nur mit einem dieser Parallelisierungsansätze. Andererseits kann diese Kombination dazu verwendet werden, den Parallelitätsgrad erheblich zu steigern, da sich die gesamte Anzahl von einsetzbaren Prozessoren aus dem Produkt der im Ort und in der Zeit verwendeten Prozessoranzahl ergibt.

Tabelle 1 zeigt die Effizienzen eines solchen kombinierten zeit- und ortsparallelen Verfahrens, wobei P_t den Parallelitätsgrad in Zeitrichtung und P_x den in der Raumrichtung bezeichnet. Als Lösungsverfahren wurde das zeitparallele Mehrgitterverfahren mit einer parallelen ILU-Glättung verwendet. Die ungeklammerten Zahlen geben die gemessenen Effizienzen an, während die geklammerten Zahlen das Produkt aus der entsprechenden reinen orts- bzw. zeitparallelen Methoden angeben. Wie man erkennt, liegen die erwarteten und gemessenen Effizienzen sehr nahe beieinander.

Vergleicht man Zeilen und Spalten der Tabelle so erkennt man ferner, daß der Effizienzverlust mit der Hinzunahme weiterer Prozessoren im Raum viel ausgeprägter ist als in der Zeitrichtung. Dieser Unterschied beruht auf dem Verhalten des Kommunikationsanteils beider Verfahren; im klassischen Fall nimmt dieser mit der Prozessorzahl zu, während er bei zeitparallelen Verfahren nahezu konstant ist. Dies wird duch Tabelle 2, die die Effizienzen des zeitparallelen Verfahrens bei verschiedenen Gittergrößen zeigt, bestätigt. Die Effizienz strebt bei steigender Problemgröße gegen einen festen Wert kleiner eins, der durch den Kommunikationsanteil des Verfahrens bestimmt ist. Zum Vergleich strebt die Effizienz eines Standardverfahrens gegen den Wert eins, da der Kommunikationsanteil in diesem Fall zu Null geht.

		$E(p)$			
		16 × 16	32 × 32	64 × 64	128 × 128
p	1	1.00	1.00	1.00	1.00
	2	0.95	0.96	0.96	0.96
	4	0.90	0.92	0.93	0.93
	8	0.87	0.89	0.90	0.90
	16	0.80	0.84	0.85	0.86
	32	0.69	0.76	0.77	0.78

Tabelle 2: Effizienzen eines zeitparallelen Verfahrens bei verschiedenen Gittergrößen

Danksagung

Diese Arbeit wurde von der Stiftung Volkswagenwerk im Rahmen des Verbundprojektes "Entwicklung von Berechnungsverfahren für Probleme der Strömungstechnik" und vom Bundesministerium für Forschung und Technologie im Rahmen des PARAWAN-Projektes unterstützt.

Literatur

BAST 90 Bastian, P., Burmeister, J., Horton, G.: *Implementation of a parallel multigrid method for parabolic partial differential equations.*, in Hackbusch, W.(ed.): *Parallel algorithms for pdes*, Proceedings of the 6th GAMM-Seminar Kiel, 19.-21. Januar 1990, Vieweg-Verlag, Wiesbaden, 1990.

BEMM 91 Bemmerl, T., Graf, U., Knödlseder, R.: *Experiences in parallelizing an existing CFD algorithm.* Distributed Memory Computing, Ed. A. Bode, LNCS 487, Springer-Verlag, 1991.

BURM 85 Burmeister, J.: *Paralleles Lösen diskreter parabolischer Probleme mit Mehrgittertechniken.* Diplomarbeit, Universität Kiel, 1985.

BURM 91 Burmeister, J., Horton, G., *Time-Parallel Multigrid Solution of the Navier-Stokes Equations.*, in W. Hackbusch, U. Trottenberg (eds.): Proceedings of the 3rd European Multigrid Conference, Bonn 1990, Birkhäuser Verlag, 1991.

BURR 90 Burrage, K., Plowman, S.: *The Numerical Solution of ODE IVPs in a Transputer Environment.* Transputer Applications 90, Southampton, 1990.

DEMI 90 Demirdzic, I., Peric, M., *Finite Volume Method for Prediction of Fluid Flow in Arbitrarily Shaped Domains with Moving Boundary.* Int. J. Num. Meth. Fluids, Vol. 10, pp. 771-790 (1990).

HACK 84 Hackbusch, W.: *Parabolic Multi-grid Methods.* In : Glowinski, R., Lions, J.-R.(eds.): *Computing Methods in Applied Sciences and Engineering, VI.* Proceedings of the 6th International Symposium on Computing Methods in Applied Sciences and Engineering. Versailles, France, December 12-16, 1983. North Holland 1984.

HOR1 91 Horton G., Knirsch R., *Time-Parallel Multigrid in Extrapolation Method for Time-Dependent Partial Differential Equations.* Report 1/91, IMMD3, Universität Erlangen-Nürnberg, 1991.

HOR2 91 Horton, G. : *Time-Parallel Multigrid Solution of the Navier-Stokes Equations.* Proceedings of the Conference on Applications of Supercomputers in Engineering in Cambridge, Mass., Ed. C. Brebbia, Computational Mechanics Publ., August 1991.

HOR3 91 Horton, G.: *Ein zeitparalleles Lösungsverfahren für die Navier-Stokes-Gleichungen.* Dissertation, Universität Erlangen-Nürnberg, 1991.

KNIR 90 Knirsch, R.: *Implementierung eines parallelen Mehrgitterverfahrens zur Lösung instationärer partieller Differentialgleichungen.* Diplomarbeit, IMMD 3, Universität Erlangen-Nürnberg, 1990.

MILN 53 Milne, W. E.: *Numerical Solution of Differential Equations.* Wiley, New York, 1953.

PATA 72 Patankar S., Spalding D.B., *A Calculation Procedure for Heat, Mass and Momentum Transfer in Three-Dimensional Parabolic Flows,* Int. J. Heat Mass Transfer, 15, 1972.

WOMB 90 Womble, D.E.: *A Time-Stepping Algorithm for Parallel Computers.* SIAM J. Sci. Stat. Comput., Vol. 11, No. 5, pp 824-837.

WORL 91 Worley, P. H.: *Parallelizing across Time when Solving Time-Dependent p.d.e.s.* Proceedings of the SIAM Conference on Parallel Processing for Scientific Computing, March 1991.

Parallele Frequenzfiltermethoden

W. Weilert, G. Wittum

IWR, Universität Heidelberg
Im Neuenheimer Feld 368, D-6900 Heidelberg

Zusammenfassung

Frequenzfilternde Zerlegungen sind robuste und effiziente Löser für große dünnbesetzte Gleichungssysteme (vgl. [Wi1,2]). Diese Methoden sind jedoch stark rekursiv und lassen sich daher schlecht parallelisieren. In der vorliegenden Arbeit wird eine Kombination filternder Zerlegungen mit der sogenannten Schurkomplement-DD-Methode zur Parallelisierung benutzt. Filternde Zerlegungen eignen sich hierbei sowohl als Löser innerhalb der Teilgebiete wie auch als angenäherte Inversen für die Schurkomplemente selbst. Insbesondere für diese sind filternde Zerlegungen besonders geeignet, da sie auch rekursiv angewandt werden kann und so einen hohen Grad an Parallelität in das Lösen der Schurkomplemente bringt, ohne dabei die Effizienz des Verfahrens zu beeinträchtigen. Darüber hinaus stellen wir stellen wir eine Implementierung dieser Frequenzfilter-Gebietszerlegungsmethode auf einem MIMD-Multiprozessorrechner vor und diskutieren Ergebnisse numerischer Testrechnungen. Es zeigt sich insbesondere die hervorragende Skalierbarkeit des so entstandenen Algorithmus.

1 Einleitung

Als Modellproblem für die folgenden Überlegungen wählen wir die elliptische Diffusionsgleichung

$$\begin{aligned} -\mathrm{div}(\phi(x,y)\nabla u) &= f && \text{in } \Omega = (0,1)\times(0,1) \\ u &= u_{Rand} && \text{auf } \partial\Omega \end{aligned} \tag{1.1}$$

mit $C_1 \geq \phi(x,y) \geq C_2 > 0$. Diskretisiert man (1.1)auf einem gleichmäßigen kartesischen Gitter Ω_h mit Hilfe eines symmetrischen Boxverfahrens und numeriert die Punkte lexikographisch, so entsteht die Steifigkeitsmatrix

$$K = \begin{pmatrix} D_1 & L_1^T & & \\ L_1 & D_2 & \ddots & \\ & \ddots & \ddots & L_{m-1}^T \\ & & L_{m-1} & D_m \end{pmatrix} \tag{1.2}$$

mit $n \times n$ Blöcken L_i, D_i, wobei die D_i symmetrisch sind. K ist dünnbesetzt, symmetrisch und positiv definit. Zu lösen ist nun das lineare Gleichungssystem

$$K\,x = b. \tag{1.3}$$

Ein lineares Iterationsverfahren für Gleichung (1.3) ist gegeben durch

$$x^{neu} = x^{alt} + M^{-1}(b - K\,x^{alt}) \tag{1.4}$$

vermöge der Aufspaltung

$$K = M - N \tag{1.5}$$

wobei M regulär ist und die Form

$$M = (L+T)T^{-1}(L^T+T) \tag{1.6}$$

hat, mit einer unteren Dreiecksmatrix L und

$$T = \text{blockdiag}\,\{T_i, i = 1,\ldots,n\}. \tag{1.7}$$

2 Frequenzfilter

2.1 Frequenzfilternde Zerlegungen

Eine frequenzfilternde Zerlegung der Ordnung p von K aus (1.2) wird so konstruiert, daß die resultierende angenäherte Inverse M aus (1.6) dieselbe Wirkung auf die Eichvektoren

$$\mathfrak{e}_j = (\sin(\nu_j \pi i h))_{i=1,\ldots,n} \tag{2.1}$$

hat wie K selbst. Die Einträge der Blockdiagonalmatrix T aus (1.7) ergeben sich aus der Rekursionsformel

$$T_1 = D_1 \tag{2.2}$$

$$T_i = D_i - \Theta_i, 1 \leq i \leq n \tag{2.3}$$

mit einer $(2p+1)$-diagonalen Matrix Θ_i die aus der *Filterbedingung*

$$\Theta_i \mathfrak{e}_j = (L_{i-1} T_{i-1}^{-1} L_{i-1}^T) \mathfrak{e}_j, j = 0,\ldots,p, \tag{2.4}$$

mit einem gegebenen Satz von Eichfrequenzen $v_0,\ldots,v_p$ bestimmt wird. Mit der obigen Wahl von Eichvektoren $\mathfrak{e}_j$ sind die Θ_i eindeutig aus (2.3) bestimmt, (vgl. [Wi1,2]). Im folgenden beschränken wir uns auf den Fall $p = 0$ (Θ_i diagonal) und $p = 1$ (Θ_i tridiagonal). Da die Hauptdiagonalblöcke von K tridiagonal sind, haben die T_i wiederum Tridiagonalstruktur. Das Bestzungsmuster bleibt also durch diese Wahl von p erhalten.

Bemerkung 2.1: *Die Filterbedingung* (2.3) *hat zur Folge, daß*

$$M\mathfrak{p} = K\mathfrak{p}, \text{ für alle } \mathfrak{p} \in \{\mathfrak{e}_j \otimes \mathfrak{y}\}, \tag{2.5}$$

wobei $\otimes$ *das Tensorprodukt*

$$(\mathfrak{a} \otimes \mathfrak{b})_{i \cdot n+j} := \mathfrak{a}_i \cdot \mathfrak{b}_j, \ \mathfrak{a}, \mathfrak{b} \in \mathbb{R}^n, \mathfrak{a} \otimes \mathfrak{b} \in \mathbb{R}^{n \cdot n} \tag{2.6}$$

bezeichnet.

Für kleine Frequenzen v sind die Testvektoren glatt und die Iterationsmatrix

$$S_v = I - M_v^{-1} K \tag{2.7}$$

der linearen Iteration (1.4) ist exakt auf einem glatten Unterraum. Deshalb kann erwartet werden, daß S_v ein guter Korrektor ist. Werden hohe Eichfrequenzen gewählt, so wird S_v ein guter Glätter sein.

2.2 Der FF-Löser

Der Grundgedanke des auf frequenzfilternden Zerlegungen aufbauenden Lösungsalgorithmus, des FF-Lösers, ist, analog zum Mehrgitterverfahren filternde Zerlegungen als Glätter und Korrektor zu kombinieren. Hierzu wählen wir eine logarithmische Folge von Eichfrequenzen, die für den Fall

$p=1$ durch

$$
\begin{aligned}
\nu_0^{(1)} &= 1, \\
\nu_0^{(i+1)} &= \begin{cases} \left[\alpha \nu_0^{(i)}\right] & \text{für} \left[\alpha \nu_0^{(i)}\right] > \nu_1^{(i)} \\ \nu_1^{(i)} + 1 & \text{sonst} \end{cases} \qquad (2.8) \\
\nu_1^{(i)} &= \nu_0^{(i)} + 1.
\end{aligned}
$$

mit $\alpha > 1$ gegeben ist. Der Faktor α entspricht dabei dem Vergröberungsfaktor beim Mehrgitterverfahren. Im vorliegenden Fall wählen wir $\alpha = 2$. Für jedes Paar von Eichfrequenzen $\nu^{(i)} = (\nu_0^{(i)}, \nu_1^{(i)})$ erhalten wir eine filternde Zerlegung $M_{\nu^{(i)}}$ und einen entsprechenden Iterationsoperator $S_{\nu^{(i)}}$. Wenden wir diese Operatoren nacheinander an, so erhalten wir eine Produktiteration mit dem Operator

$$
S_\Pi = \prod_{i=1}^{\log_\alpha n} S_{\nu^{(i)}} \qquad (2.9)
$$

In [Wi1,2] konnten wir zeigen, daß diese Produktiteration für $\phi(x,y) = \text{const}$ in (1.1) eine von der Dimension des Systems unabhängige Konvergenzrate besitzt, d.h.

$$
\| S_\Pi \| \leq \zeta < 1 \qquad (2.10)
$$

gilt in der Euklidischen Norm unabhängig von h. Verschiedene numerische Tests in [Wi1,2] zeigen, daß der FF-Löser auch für Probleme mit variablen Koeffizienten, sowie nichtsymmetrische und nichtlineare Probleme effizient eingesetzt werden kann.

3 Parallele Frequenzfiltermethoden

3.1 Die Einflußmatrix

Das oben beschriebene Verfahren ist hochgradig rekursiv. Zur Parallelisierung kombinieren wir es mit der sogenannten Schurkomplement-Gebietszerlegungsmethode. Hierzu unterteilen wir das Gitter Ω_h in p Streifen $\Omega_{h,i}$, $i = 1, \ldots, p$, mit $\Omega_h = \cup_{i=1}^{p} \Omega_{h,i}$, $\Omega_{h,i} \cap \Omega_{h,j} = \emptyset$, $i \neq j$ mit Schnittlinien $\Gamma_{h,i}$, $i = 1, \ldots, p-1$, wie in Abb. 1 gezeigt.

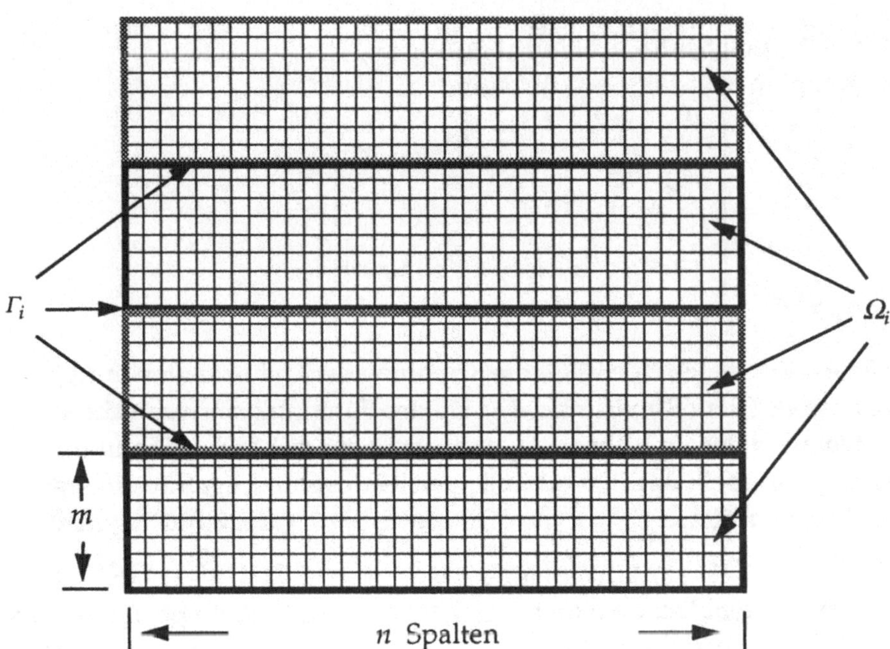

Abbildung 1: *Aufteilung von Ω_h in Streifen. Die Streifen $\Omega_{h,i}$ und die diskreten Schnittlinien $\Gamma_{h,i}$ sind durch Pfeile bezeichnet.*

Entsprechend partitionieren wir K, indem wir zuerst alle Gitterpunkte innerhalb der Streifen und danach die auf den Schnittlinien $\Gamma_{h,i}$ durchnumerieren. Gleichungssystem (1.3) hat dann die Form

$$\begin{pmatrix} A & B \\ B^T & C \end{pmatrix} \begin{pmatrix} x_\Omega \\ x_\Gamma \end{pmatrix} = \begin{pmatrix} f_\Omega \\ f_\Gamma \end{pmatrix} \tag{3.1}$$

wobei die Indizes Ω und Γ die jeweiligen Unbekannten auf den Gittern $\Omega_{h,i}$ und $\Gamma_{h,i}$ bezeichnen. Die Matrix A hat Blockdiagonalform:

$$A = \text{blockdiag}\,\{A_i,\ 1 \le i \le p\} \tag{3.2}$$

mit $n \cdot m \times n \cdot m$ Blöcken A_i derselben Form wie K in (1.2). Die A_i entsprechen dabei der Diskretisierung von (1.1) auf dem Streifen Ω_i mit Nullrandbedingung auf den inneren Rändern Γ_i.

Der Kopplungsblock B hat die Form

$$B = \begin{pmatrix} B_{11} & & & \\ B_{21} & B_{22} & & \\ & \ddots & \ddots & \\ & & B_{p-1,p-2} & B_{p-1,p-1} \\ & & & B_{p,p-1} \end{pmatrix}. \tag{3.3}$$

Der $n \cdot m \times n$ Block B_{ij} enthält die Kopplung der Unbekannten in $\Omega_{h,i}$ mit den Knoten auf den Schnittlinien $\Gamma_{h,i}$. Da der Fünfpunktstern nur die erste und letzte Zeile des Teilgebiets $\Omega_{h,i}$ mit den entsprechenden Schnittlinien $\Gamma_{h,i-1}$ und $\Gamma_{h,i}$ koppelt, hat B_{ij} von null verschiedene Einträge nur im ersten und letzten $n \times n$ Block.

Die Matrix C ist blockdiagonal, $C = \text{blockdiag}\,\{C_i,\ 1 \le i \le p-1\}$, mit $n \times n$ Blöcken C_i die den diskreten Operator auf den inneren Rändern Γ_i darstellen.

Blockelimination des Systems (3.1) führt auf

$$\begin{pmatrix} A & B \\ 0 & S \end{pmatrix} \begin{pmatrix} x_\Omega \\ x_\Gamma \end{pmatrix} = \begin{pmatrix} f_\Omega \\ \tilde{f}_\Gamma \end{pmatrix} \tag{3.4}$$

mit dem Schurkomplement

$$S = C - B^T A^{-1} B \tag{3.5}$$

und der konsistent modifizierten rechten Seite

$$\tilde{f}_\Gamma = f_\Gamma - B^T A^{-1} f_\Omega \tag{3.6}$$

Das Schurkomplement hat Blocktridiagonalstruktur

$$S = \begin{pmatrix} S_{11} & S_{12} & & \\ S_{21} & S_{22} & \ddots & \\ & \ddots & \ddots & S_{p-2\,p-1} \\ & & S_{p-1\,p-2} & S_{p-1\,p-1} \end{pmatrix} \tag{3.7}$$

mit

$$S_{i,i} = C_i - B_{ii}^T A_i^{-1} B_{ii} - B_{i+1,i}^T A_{i+1}^{-1} B_{i+1,i} \quad \text{für } 1 \leq i \leq p-1, \tag{3.8}$$

$$S_{i,i+1} = - B_{i+1,i}^T A_{i+1}^{-1} B_{i+1,i+1} \quad \text{für } 1 \leq i \leq p-2, \tag{3.9}$$

$$S_{i,i-1} = - B_{ii}^T A_i^{-1} B_{ii-1} \quad \text{für } 2 \leq i \leq p-1. \tag{3.10}$$

Das reduzierte (3.4) System wird nun oftmals direkt gelöst (cf. [BW]) . Für grosse schwach besetzte Systeme, die mit iterativen Verfahren von optimaler Komplexität gelöst werden können, ist dies jedoch nicht zufriedenstellend. Stattdessen konstruieren wir mit Hilfe dieses Ansatzes eine angenäherte Inverse für System (3.1).

3.2 Der FFDD-Algorithmus

Wir wollen nun einen globalen FF-Löser auf System (3.1) anwenden . Unsere angenäherte Inverse M hat die Form

$$M_\nu = \begin{pmatrix} I & \\ B^T A_{FF_\nu}^{-1} & I \end{pmatrix} \begin{pmatrix} A_{FF_\nu} & \\ & S_{FF_\nu} \end{pmatrix} \begin{pmatrix} I & A_{FF_\nu}^{-1} B \\ & I \end{pmatrix} \tag{3.11}$$

wobei A_{FF_ν} = blockdiag $\{A_{1,FF_\nu}, \ldots, A_{p,FF_\nu}\}$ die frequenzfilternde Zerlegung auf den inneren Teilgebieten Ω_i bezeichnet. S_{FF_ν} ist eine filternde Zerlegung, die das Schurkomplement S auf die im folgenden beschriebene Weise approximiert.

Da die Blöcke von S voll sind, ist die Konstruktion einer eine angenäherten Inversen zu S nicht ohne weiteres möglich. In der oben beschriebenen Filtertechnik haben wir jedoch ein Werkzeug zur Verfügung, das es erlaubt, dünnbesetzte Approximationen für vollbesetzte Matrizen zu konstruieren, vorausgesetzt, daß sich die Wirkung der Matrix auf einen Eichvektor einfach berechnen läßt. Hierzu konstruieren wir zuerst eine dünn besetzte Approximation $\tilde{S}_{FF_V}$ an S mit Hilfe der Frequenzfiltertechnik, sodann berechnen wir eine frequenzfilternde Zerlegung dieser Approximation S_{FF_V}.

Zur Konstruktion von $\tilde{S}_{FF_V}$ wurden die beiden im folgenden beschriebenen Varianten verwendet. Zunächst wurde $\tilde{S}_{FF_V}$ blockdiagonal gewählt:

$$\tilde{S}_{FF_V} = \text{blockdiag}\;\{\; \tilde{S}_{1,FF_V}, \ldots, \tilde{S}_{p-1,FF_V} \} \tag{3.12}$$

mit Tridiagonalblöcken $\tilde{S}_{i,FF_V}$ die dieselben Wirkung auf die Eichvektoren $\mathbf{e}_j$ aus (2.1) haben

$$\tilde{S}_{i,FF_V}\, \mathbf{e}_j = \tilde{S}_{ii}\, \mathbf{e}_j\,, \text{für } j = 0{,}1 \tag{3.13}$$

Dies entspricht dem Vorkonditionierer nach Dryija, [Dr], der einen eindimsionalen, nur auf die Schnittlinienpunkte wirkenden Operator einsetzt und damit die Kopplung zwischen benachbarten Schnittlinien vernachlässigt Entsprechend verhält sich die Konditionszahl dieses Vorkonditionierers wie $1/p$ abhängig von der Anzahl der verwendeten Streifen (s. [Dr, Ha1-3]).

Für die zweite Variante wurde eine blocktridiagonale Approximation an S verwendet

$$\tilde{S}_{FF_V} = \begin{pmatrix} \tilde{S}_{11,FF_V} & \tilde{S}_{12,FF_V} & & \\ \tilde{S}_{21,FF_V} & \tilde{S}_{22,FF_V} & \ddots & \\ & \ddots & \ddots & \tilde{S}_{p-2\;p-1,FF_V} \\ & & \tilde{S}_{p-1\;p-2,FF_V} & \tilde{S}_{p-1\;p-1,FF_V} \end{pmatrix} \tag{3.14}$$

mit Tridiagonalblöcken $\tilde{S}_{ii,FF_V}$, die der Filterbedingung

$$\tilde{S}_{ii,FF_V}\mathbf{e}_j = S_{ii}\,\mathbf{e}_j\,, \text{für } j = 0, \tag{3.15}$$

genügen. Für die Nebendiagonalblöcke wurden entweder diagonale (p =0) oder tridiagonale (p =1) Approximationen benutzt:

$$\tilde{S}_{il,FF_V}\mathbf{e}_j = S_{il}\,\mathbf{e}_j\,, \text{für } j = 0, p,\;\; i \neq l. \tag{3.16}$$

Die Approximationen an die Nebendiagonalblöcke des Schurkomplements stellen die Kopplung der inneren Ränder miteinander dar. So erhalten wir eine dünnbesetzte Approximation an die vollbesetze Schurkomplementsmatrix, die auf dem entsprechenden Teilraum exakt ist.

Die Zerlegung wird in folgenden Schritten berechnet:

1. Berechne die FF-Zerlegung A_{i,FF_v} für die inneren Blöcke A_i.
2. Ersetze S_{il} durch Approximationen $\tilde{S}_{il,\,FF_v}$, die der Filterbedingung (3.14) genügen. Wegen (2.3) kann die Wirkung des Schurkomplements auf dieEichvektoren $\mathbf{e}_j$ mit Hilfe der FF-Zerlegungen aus Schritt 1 leicht berechnet werden.
3. Berechne die FF-Zerlegung der Approximation S_{FF_v} aus Schritt 2 .

3.3 Rekursive Zerlegung

Da S die gleiche Blockstruktur wie unsere ursprüngliche Matrix K hat, kann es in derselben Weise wie K aufgespalten werden. Das Schurkomplement S läßt sich dabei als System auf den $p-1$ Schnittlinien $\Gamma_{i,h}$ auffassen. Diese p-1 Gitterlinien werden nun in q Blöcke $G_l = \{\Gamma_{i_{k-1}+1}, \ldots, \Gamma_{i_k-1}\}$ und q–1 Schnittlinien Γ_{i_k} aufgeteilt, für die wir ein neues Schurkomplement konstruieren können. So erhalten wir eine rekursive Funktion $\tilde{S}_{FF_v}(K^{(i)})$, die Approximationen an das Schurkomplement einer gegebenen Matrix $K^{(i)}$ erzeugt.

$$\begin{aligned} K^{(maxlevel)} &:= K \\ K^{(i-1)} &:= \tilde{S}_{FF_v}(K^{(i)}) \text{ für } maxlevel > i > 0. \end{aligned} \tag{3.17}$$

Das resultierende Verfahren bezeichnen wir als Frequenzfilter-Gebietszerlegungsmethode, abgekürzt FFDD. Wie beim FF-Löser wählen wir für den FFDD-Algorithmus eine logarithmische Folge von Eichfrequenzen $v_0^{(i)}$ und $v_1^{(i)}$. Der FFDD-Algorithmus läßt sich dann wie ein Mehrgitterverfahren schreiben, wobei das Schurkomplement durch ein baumartiges, von feineren zu gröberen Gittern fortschreitenden Reduktionsverfahren invertiert wird. Für ein festes Paar von Eichfrequenzen (v_0, v_1) lautet der FFDD-Algorithmus

$FFDD_{v}\_vorbereiten(K,l)$ (3.18)

{

unterteile K in $K_l = \begin{pmatrix} A_l & B_l \\ B_l^T & C_l \end{pmatrix}$;

zerlege A_l in $A_{FF_v,l}$;

berechne dünnbesetzte Approximation $\tilde{S}_{l,FF_v}$ an

$S_l = C_l - B_l^T A_{FF_v,l}^{-1} B_l$;

falls (l>1) dann $FFDD_{v}\_vorbereiten(\tilde{S}_{l,FF_v}, l-1)$;

andernfalls zerlege $\tilde{S}_{l,FF_v}$ in S_{l,FF_v};

}

$FFDD_{v}\_iter(K,l,x,f)$ (3.19)

{

unterteile x in $x = (x_\Omega, x_\Gamma)^T$ und f in $f = (f_\Omega, f_\Gamma)^T$;

berechne $\tilde{f}_\Gamma = f_\Gamma - B_l^T A_{FF_v,l}^{-1} f_\Omega$;

falls (l==0)

{

löse $S_{1,FF_v} x_\Gamma = \tilde{f}_\Gamma$;

}

andernfalls

{

$FFDD_{v}\_iter(S_{l,FF_v}, l-1, x_\Gamma, \tilde{f}_\Gamma)$;

}

löse $A_{FF_v,l} x_\Omega = f_\Omega - B_l x_\Gamma$;

}

Alle filternden Zerlegungen und die filternden Approximationen des Schurkomplements können auf der jeweiligen Gitterstufe parallel berechnet werden. Dies liefert ein immer kleiner werdendes System, das auf Stufe 0 dann sequentiell mit Hilfe eines FF-Schritts gelöst werden kann. Dieser neue FFDD-Algorithmus genügt ebenfalls der Filterbedingung (2.3). Hieraus ergibt sich

Bemerkung 3.1: *Die durch* (3.16) *und* (3.17) *erzeugte angenäherte Inverse M genügt* (2.4).

4 Zur Effizienz des Verfahrens

Ein Effizienzmodell ist für das Verständnis des Verhaltens eines Verfahrens in der Praxis von entscheidender Bedeutung. Üblicherweise definiert man die Effizienz eines parallelen Algorithmus

$$E_{par} = \frac{T_{q=1}}{p \cdot T_{q=p}}, \tag{4.1}$$

wobei T_q die Ausführungszeit eines Zyklus des in Frage stehenden Algorithmus auf q Prozessoren bezeichnet. Dies ist jedoch nur ein Maß für Auslastung des Rechners. Da wir aber die Parallelisierung betreiben, um an der gesamten Rechenzeit zu sparen, müssen wir auch die numerische Effizienz berücksichtigen. Wir müssen daher die Geschwindigkeit des parallelen Algorithmus vergleichen mit der eines (optimalen) sequentiellen Verfahrens. Für die Gesamteffizienz ergibt sich somit

$$E_{tot} = E_{num} \cdot E_{par} \tag{4.2}$$

mit E_{par} aus (4.1) und der numerischen Effizienz

$$E_{num} = \frac{\ln \rho_{par} T_{sk}}{\ln \rho_{sk} T_{par}} \tag{4.3}$$

mit der Konvergenzrate $\rho_{par/sk}$ je Zyklus des parallelen bzw. sequentiellen Verfahrens und der entsprechenden Zykluszeit $T_{par/sk}$.

Wir messen die Effizienz des $FFDD_v$-Verfahrens bezüglich derjenigen des skalaren *FF*-Algorithmus, der sich für $l_{max} = 0$ aus $FFDD_v$ ergibt. Die Zahl von arithmetischen Operationen für die $FFDD_v$-Methode ist in der folgenden Bemerkung angegeben.

Bemerkung 4.1: *Die parallele Komplexität von $FFDD_v\_iter$ aus* (3.17) *ausgedrückt in arithmetischen Operationen ist*

$$W(FFDD_v\_iter) = 2\,(C_{FF} + C_B + 1)\,n \sum_{l=0}^{l_{max}} m_l \tag{4.4}$$

mit Konstanten C_{FF} und C_B, wobei m_l die Anzahl horizontaler Gitterlinien in einem

Streifen $\Omega_{h,i}$ auf Stufe l (s. Abb. 1), und n die Anzahl von Gitterpunkten auf einer horizontalen Gitterlinie bezeichnet. Die parallele Komplexität von $FFDD_v$_vorbereiten lautet

$$W(FFDD_v\_vorbereiten) = 3C_Z\, n \sum_{l=0}^{l_{max}} m_l \tag{4.5}$$

mit einer Konstanten C_Z.

Wir messen die parallele Effizienz bei konstanter Last („*scaled speedup*"), d.h. es ist

$$m \cdot n = C_L \tag{4.6}$$

mit einer Konstanten C_L,

$$m = m_{lmax}. \tag{4.7}$$

Weiter fordern wir

$$m_l \leq m, \text{ für } i = 0,\ldots,l_{max}. \tag{4.8}$$

Hiermit läßt sich die parallele Komplexität der FFDD-Methoden wie folgt abschätzen.

Bemerkung 4.2: *Gelte* (4.6) *und* (4.7). *Dann verhält sich die parallele Komplexität des gesamten $FFDD_v$-Verfahrens wie*

$$W_{tot} = C \ln n. \tag{4.9}$$

Beweis: Direkt durch Einsetzen von (4.6) und (4.8) in (4.4) und (4.5). ο

Diese Abschätzung zeigt den Hauptnutzen des Parallelrechnens. Während für einen skalaren Algorithmus die optimale Komplexität zum Lösen eines linearen Gleichungssystems $O(N)$ ist, können wir auf einem Parallelrechner $O(\ln N)$ erreichen, wenn wir mit konstanter Last messen (s. (4.7)).

Leider erfüllt die oben verwendete Streifeneinteilung die Voraussetzungen (4.6) und (4.7) nur für eine beschränkte Anzahl von Prozessoren, wie im folgenden bemerkt.

Bemerkung 4.3: *Eine Streifenzerlegung (s. Abb. 1) erfüllt*

$$m = \frac{n-p+1}{2}. \tag{4.10}$$

Da eine solche Zerlegung nur für m ≥1 sinnvoll ist, fordern wir

$$p \leq \frac{n+1}{2}, \tag{4.11}$$

andernfalls ist eine Streifenzerlegung sinnlos. Dies schränkt die Brauchbarkeit der Streifenzerlegung für große p stark ein.

Die Verwendung einer Rechteckszerlegung, die (4.6) und (4.7) problemlos erfüllt, ermöglicht ein Umgehen dieser Schwierigkeiten. Dies wird Thema weiterer Arbeiten sein.

Die obigen Überlegungen führen auf folgende Abschätzung für die Effizienz.

Bemerkung 4.4: *Gelte* (4.6), (4.7) *und* $m = n/p$. *Die parallele Effizienz des FFD-D_V-Algorithmus gemessen gegenüber der skalaren FF-Methode ist*

$$E_{par} = \frac{C_{FF}}{(2\,(C_{FF} + C_B + 1) + C_{Comm}p + C_{setup})\ln n} \tag{4.12}$$

mit Konstanten C_{FF} und C_B, die den Lösungsvorgang charakterisieren (s. (4.4) und (4.5)), und Konstanten C_{Comm} und C_{setup}, die die Datentransferrate und die Sockelzeit zum Initalisieren einer Verbindung des Parallelrechners beschreiben.

Beweis: Einsetzen von (4.4) und (4.5) in Definition (4.1) ergibt

$$E_{par} = \frac{C_{FF}n}{p\left(2\,(C_{FF} + C_B + 1)\,n \sum_{l=0}^{l_{max}} m_l + (C_{Comm}n + C_{setup})\ln n\right)}.$$

Unter Verwendung von (4.6), (4.7) und $m = n/p$, folgt (4.9). ○

5 Numerische Ergebnisse

Die $FFDD_v$-Methode wurde anhand von Problem (1.1) mit $\varphi(x,y) = 1$ ausgetestet. Hierzu implementierten wir dieses Verfahren auf 128 T800 Prozessoren (Parsytec SC-128) in *ParC* unter Verwendung des *vChannel* Routingsystems (s. [Ba]). Zur Ermittlung der numerischen Effizienz maßen wir die Konvergenzrate unseres Algorithmus abhängig von der Anzahl der verwendeten Prozessoren.

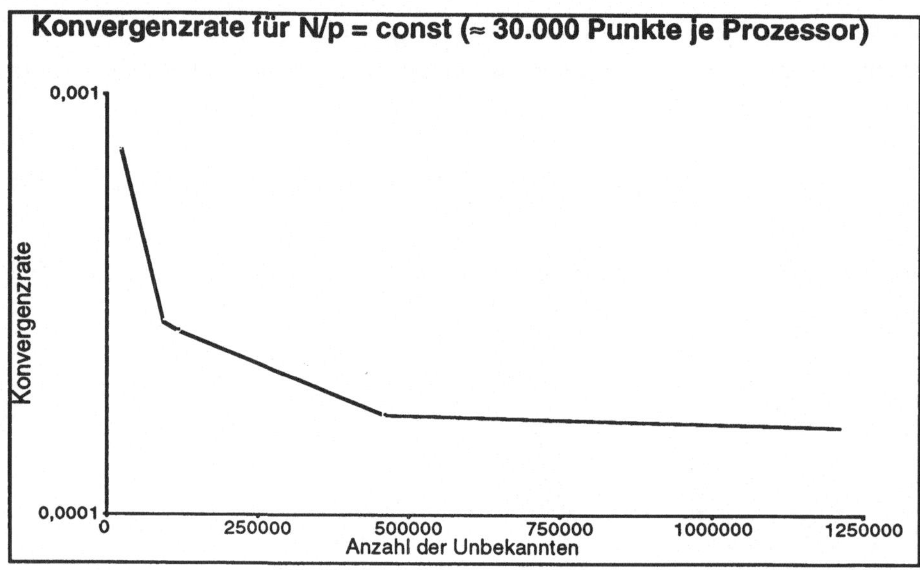

Abbildung 2: *Konvergenzrate von $FFDD_v$ aufgetragen über der Anzahl der Unbekannten, gemessen mit konstanter Last.*

Die in Abb. 2 gezeigten Ergebnisse bestätigen die optimale numerische Effizienz des parallelen Algorithmus. In diesem Zusammenhang sei erwähnt, daß bislang Methoden, die auf einer Streifenzerlegung des Gebietes beruhen keine von der Anzahl der Streifen unabhängige Konvergenzrate erzielen konnten (s. [Dr]). Im Gegensatz hierzu verbessert sich die Konvergenzrate sogar etwas bei wachsender Prozessorzahl. Dieser Effekt ist auf das nichtlineare Anwachsen der Konvergenzrate des skalaren FF-Lösers bei steigender

Anzahl von Unbekannten (s. [Wi2, Abb. 5.1.2]), die hier als innerer Löser verwendet wird.

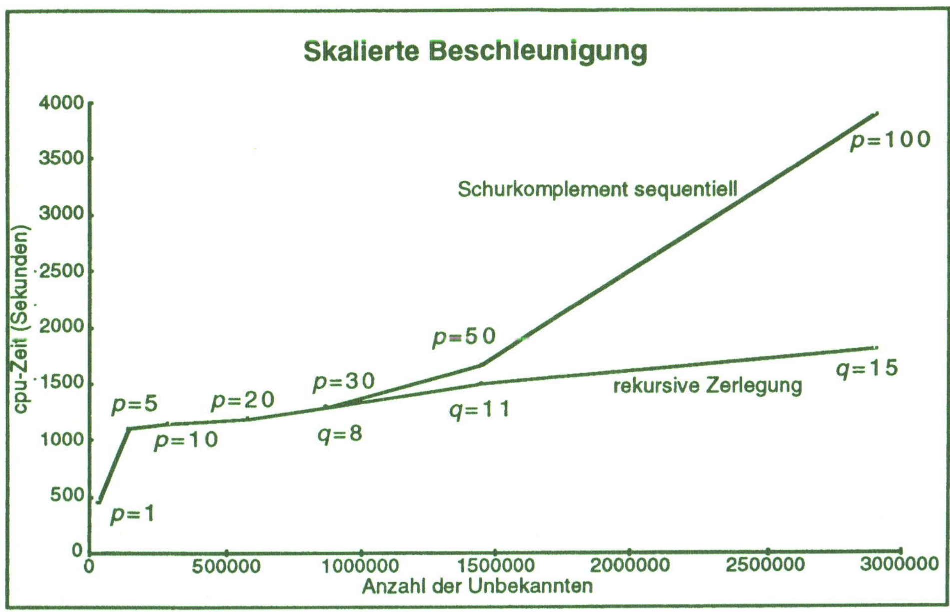

Abbildung 3: *Skalierte Beschleunigung: cpu-Zeit aufgetragen über der Anzahl von Unbekannten bei konstanter Last je Prozessor, $N/p = 30.000$. Die rekursive Zerlegung (untere Kurve) benutzte 3 Stufen und q Blöcke auf Stufe 1, also $m_1 = p/q$.*

Sodann wurde die skalierte Beschleunigung gemessen, d.h. die Rechenzeit gegenüber der Anzahl der Unbekannten, wobei die Last je Prozessor konstant gehalten wurde, also N/p = const. Die Ergebnisse sind in Abb. 3 gezeigt. Zunächst zeigt sich etwa eine Verdopplung der Rechenzeit beim Übergang vom skalaren (p =1) zum parallelen Verfahren. Dies ist bei Ansätzen der Art (3.9) verfahrensbedingt, da in jedem äußeren Iterationsschritt zweimal innen gelöst werden muß. Damit ist die Effizienz bei diesen Gebietszerlegungsmethoden grundsätzlich auf ≤ 50% beschränkt. Dies wird jedoch zum Teil von der in Abb. 2 gezeigten Verbesserung der Konvergenzrate aufgefangen. Von dieser Beschränkung abgesehen, ist die Skalierbarkeit des parallelen Algorithmus sehr gut und zeigt das in Bemerkung 4.2 vorhergesagte logarithmische Verhalten. Insbesondere bedeutet dies, daß bei einer Erhöhung der Anzahl von Unbekannten um das zwanzigfache von 150.000 auf $3 \cdot 10^6$, die cpu-Zeit von 1.100 auf 1.500 Sekunden wächst, also nur auf das 1,36-fache. Die entsprechende skalierte Beschleunigung beträgt 14,7.

Wie erwartet hat das nicht-rekursive Verfahren (Schurkomplement wird sequentiell gelöst) nur schlechte Skalierungseigenschaften für große p ($p>30$). Für kleine p sind die Schurkomplemente ebenfalls klein. Daher macht die für das Lösen im Innern benötigte Rechenzeit den größten Teil der Gesamtzeit aus.

6 Schluß

Mit der Parallelisierung dieses ursprünglich hochrekursiven Verfahrens haben wir die universelle Verwendbarkeit des parallelen Ansatzes deutlich gemacht. Weiter haben wir gezeigt, daß eine Parallelisierung unter Beibehaltung der optimalen numerischen Effizienz trotzdem hervorragende Skalierungseigenschaften aufweisen kann. Diese beiden, auf den ersten Blick gegensätzlichen Eigenschaften gleichzeitig zu erhalten, dürfte künftig eines der Hauptthemen bei der Konstruktion paralleler Algorithmen sein.

7 Literatur

[Ba] Bastian, P.: *vChannel* – A routing software for Transputer systems. Preprint, IWR, Heidelberg, 1991

[BW] Björstad, P.E. , Widlund, O.B.: Iterative methods for the solution of elliptic problems on regions partitioned into substructures. SIAM J. Numer. Anal., 23, 1097-1120, (1986)

[Dr] Dryija, M.: A capacitance matrix method for Dirichlet problems on polygonal regions. Numer. Math., 39 (1), 51-64, 1982

[Ha1] Haase, G.: Die nichtüberlappende Gebietszerlegungsmethode zur Parallelisierung und Vorkonditionierung des CG-Verfahrens. Preprint 92-10, IWR, Universität Heidelberg, 1992

[Ha2] Haase, G., Langer, U., Meyer, A.: The approximate Dirichlet domain decomposition method. Part I: An Algebraic Approach. Computing 47, 137-151 (1991)

[Ha3] Haase, G., Langer, U., Meyer, A.: The approximate Dirichlet domain-decomposition method. Part II: Applications to 2nd-order elliptic b.v.p.s. Computing 47, 153-167 (1991)

[Wi1] Wittum, G.: An ILU-based smoothing correction scheme. in: Hackbusch,W.(ed.): Parallel solvers. Proceedings of the sixth GAMM-Seminar, Kiel, Jan. 25 to 27,1990. Notes on numerical fluid mechanics, Vieweg, Braunschweig, 1991

[Wi2] Wittum, G.: Frequenzfilternde Zerlegungen – Ein Beitrag zur schnellen Lösung großer Gleichungssysteme. Teubner Skripten zur Numerik Band 1, Teubner, Stuttgart, 1992

Parallele Implementierung eines integrierten Strömungssimulationssytems

M. Faden S.Pokorny K.Engel *

1 Einleitung

Strömungsvorgänge beliebiger Medien werden durch die Erhaltungsprinzipien der Physik (Masse, Impuls, Energie) beschrieben. Die mathematische Formulierung dieser Prinzipien bei Strömungen ohne chemische Reaktionen ergibt ein System von fünf nichtlinearen, gekoppelten, partiellen Differentialgeichungen. Dieses beschreibt zusammmen mit den erforderlichen Randbedingungen den physikalischen Prozeß exakt, ist aber mit Ausnahme von Spezialfällen nicht geschlossen lösbar. Die numerische Lösung dieses Gleichungssystems, also die numerische Simulation von Strömungvorgängen, gewinnt sowohl in der physikalischen Grundlagenforschung als auch in der technischen Anwendung zunehmend an Bedeutung.

Durch die Weiterentwicklung der numerischen Methoden für diese Art von Gleichungen kann die Zahl von empirischen Ansätzen weiter reduziert werden. Diese Tatsache führt zusammen mit der fortschreitenen Computerentwicklung dazu, daß auf vereinfachende Annahmen über die Strömungstruktur zunehmend verzichtet werden kann. Die Ergebnisse der Simulation werden dadurch hinsichtlich ihrer physikalischen Aussage detaillierter und verlässlicher.

Prinzipiell birgt die Methode der Simulation eine Reihe von Vorteilen, wovon hier nur zwei wesentliche genannt seien:

- Die numerische Simulation eröffnet die Möglichkeit, Informationen über einen Strömungsprozess in einer Dichte zu erhalten, die mit Hilfe von Experimenten nicht realisierbar ist.
- Parameter können beliebig variiert und ihr Einfluß auf die Strömung untersucht werden.

Am Beispiel der Simulation von instationären transsonischen (schallnahen) Luftströmungen soll aufgezeigt werden, worin die wesentlichen Probleme bestehen und wie ein möglicher Lösungsansatz aussieht. Dies geschieht vor dem Hintergrund der Aerodynamik von Flugzeugtriebwerken oder genauer von Propfantriebwerken (Bild 1). Der Schwerpunkt der folgenden Ausführung wird in der Darstellung eines integrierten Gesamtsystems liegen, das die Elemente Strömungslöser, Visualisierung und Steuerung umfasst. Die numerischen Methoden, die für die bereits erwähnte Problemstellung Verwendung finden, werden nur grob skizziert.

2 Problemstellung und Lösungsansatz

Transsonische Strömung bedeutet, daß im Feld Diskontinuitäten, sogenannte Verdichtungsstöße entstehen können. Im Zusammenhang mit der Zeitabhängigkeit ergibt sich daraus, daß numerische Methoden eingesetzt werden müssen, die es erlauben, diese Phänomene in Ort und Zeit aufzulösen. Zu der Klasse von sogenannten *shock capturing* Verfahren, die diese Möglichkeiten bieten, gehören die TVD-Schemata ([5][11]) sowie die ENO-Verfahren ([6]), die sich momentan noch im Entwicklungsstadium befinden.

Prinzipiell ist für jedes numerische Verfahren eine große Zahl von Netzpunkten erforderlich, um physikalisch relevante Phänomäne im Raum aufzulösen. Durch den Parameter Zeit wird die Dimension der Ergebnisse noch zusätzlich um eins erhöht, da jeder Zeitschritt als eine komplette zwei- bzw. dreidimensionale Lösung zu betrachten ist, die einer nachfolgenden Analyse zugänglich gemacht werden muß. Eine *statische* Vorgehensweise bei der Simulation - man setzt alle Parameter, startet das Programm und speichert alle Werte an jedem Punkt des Raumes für alle Zeitschritte ab - produziert eine Flut von Daten, die mit einem vertretbarem Aufwand nicht mehr hantierbar ist. Eine kurzes Beispiel mag dies verdeutlichen.

Für eine dreidimensionale Berechnung der reibungsbehafteten Strömung durch den Fan-Rotor eines Flugzeugtriebwerkes sind Netze von ca. 750000 Punkten erforderlich. Bei den erwähnten Propfans besteht der Fan aus zwei gegenläufigen Rotoren, wodurch die Strömung durch die relative Bewegung zueinander instationär ist. Die Rechung muß bis zum Erreichen einer periodischen Lösung durchgeführt werden. Um physiaklische Vorgänge zeitlich aufzulösen, muß der Zeitschritt sehr klein gewählt werden. Es ist von einer unteren Grenze von 50000 Schritten auszugehen. Daraus ergibt sich ein Speicherbedarf von

$$\begin{aligned}&2(\text{Rotoren}) \cdot 7.5 \cdot 10^5(\text{Punkten}) \cdot 5(\text{Strömungsgrößen})\\ &\cdot 8(\text{Byte pro Zahl}) \cdot 5 \cdot 10^4(\text{Zeitschritte}) = 3\text{TeraByte}\end{aligned}$$

Die gesuchten Informationen sind in dieser *Datenflut* gleichsam verborgen, da es keine generelle Methode gibt, die Datenmenge bereits im Vorfeld zu reduzieren.

*Die Autoren sind wissenschaftliche Mitarbeiter am Institut für Antriebstechnik der Deutschen Forschungsanstalt für Luft- und Raumfahrt, Köln

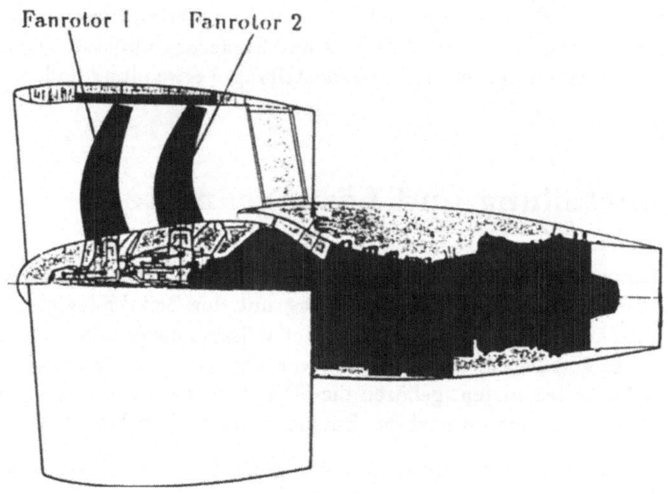

Abbildung 1: Schnittbild durch ein Flugzeugtriebwerk mit 2 gegenläufigen Fan-Rotoren

Da die Untersuchung von Strömungsphänomenen oftmals mit Parametervariationen verbunden ist, erhöht sich die Dimension der Lösungsdaten noch zusätzlich um die Anzahl der variierten Parameter. Diese Zahlen verdeutlichen, daß bei einer statischen Methode sehr schnell die Grenzen des technisch Realisierbaren erreicht sind.

Um diese Probleme zu umgehen, wurde ein interaktives System entwickelt. Die Idee ist es, eine Simulationsumgebung zur Verfügung zu stellen, die als *numerisches Labor* dient. Der *Experimentator* kann beliebig viele *Sensoren* zu jeder Zeit an jede Stelle des Strömungsfeldes einbringen, um Informationen zu erhalten. Ergänzend hierzu kann der Simulationsprozess jederzeit gestoppt und wieder gestartet werden, Parameter und Randbedingungen können verändert werden u.ä.. Auf diese Weise werden *Experimente* durchgeführt, wobei die Analyse bereits zur Laufzeit erfolgt. Es werden nicht mehr alle Daten abgespeichert sondern nur diejenigen, die als wesentlich identifiziert wurden.

Die Fähigkeit zur Interaktion bedeutet nicht nur eine Reduktion der Laufzeit und Datenmengen, sondern eine neue Qualität der Analyse und damit einen Einblick in die Dynamik physikalischer Prozesse, der auf *klassische* Weise schwierig oder gar nicht zu erhalten wäre [1].

Die Realisierung eines solchen Systems erfordert einen interaktiven Zugang zu einem Supercomputer. Eine Möglichkeit entsprechende Kapazitäten zu bekommen, ist die Nutzung eines Parallelrechners, in diesem konkreten Fall eines Transputersystems gekoppelt mit einer Hochleistungsgrafik-Workstation.

Ein Transputer ist ein Mikroprozessor, der zusätzlich mit vier bidirektionalen seriellen Schnittstellen, sogenannten *links* ausgerüstet ist, über die benachbarte Prozessoren ihre Daten austauschen können. Jeder Prozessor verfügt über eigenen Speicher und wird unter dem UNIX-ähnlichem Betriebssystem HELIOS als eigenständiges System betrieben Die Anzahl der miteinander koppelbaren Transputer ist unbegrenzt. Eine detailierte Beschreibung des Transputers und des Betriebssystems findet man bei [7] und [9].

Der wesentliche Vorteil eines solchen Rechners liegt in seiner Skalierbarkeit. Es ist möglich, Programme auf einer kleinen Anzahl von Prozessoren zu entwickeln und die Leistung auf größere Systeme zu extrapolieren. Somit kann der Rechner der Problemgröße angepasst werden, ohne daß die Programme für ein neues System modifiziert werden müssen, vorausgesetzt natürlich, daß die Software entsprechend skalierbar konzipiert ist.

3 Systemüberblick

Das neue Element bei der Entwicklung von Software auf Parallelrechnern mit lokalem Speicher liegt in dem Entwurf von Prozeduren, die als laufende Prozesse unabhängig voneinander arbeiten, sich aber an bestimmten Punkten durch Nachrichtenaustausch synchroniseren. Die Prozesse laufen auf einem Netz von Prozessoren, über deren Zahl und

Topologie keine Annahmen gemacht werden sollen, um eine flexible Anpassung an die Problemstellung vornehmen zu können.

Damit kommt dem Entwurf der Kommunikation große Bedeutung zu, da sie nicht nur den Datenaustausch ermöglicht, sondern bei verteilten Prozessen den einzigen Synchronisationsmechanismus darstellt. Sie soll so gestaltet sein, daß sie das Prozessornetz minimal belastet und in jedem Systemzustand funktionsfähig bleibt. Dieser Punkt wird bei der Behandlung des Datentransfers noch ausführlicher dargestellt.

Die Aufgabe ist es, ein Strömungssimulationssystem zu entwickeln, das auf beliebig vielen Prozessoren läuft. Gleichzeitig soll es möglich sein, jederzeit Informationen über den momentanen Stand der Lösung zu bekommen und den Lösungsvorgang beeinflussen zu können. Die unterschiedlichen Elemente, die man benötigt, um dem System diese Fähigkeiten zu geben, erfordern eine modulare Struktur.

Der Strömungslöser liefert zur Laufzeit Daten, die einer Aufbereitung zugänglich gemacht und auf einer Workstation dargestellt werden sollen. Der Löser soll auf einer beliebigen Zahl von Prozessoren laufen und damit hochskalierbar sein. Durch die enge Verbindung zwischen Löser und Datenaufbereitung muß diese ebenfalls skalierbar sein. Sie darf also nicht zentral stattfinden sondern muß ebenfalls parallelisiert werden. Des weiteren muß der Datenaustausch zwischen den einzelnen Strömungslösern ebenfalls lokal organisiert sein.

Die direkte Kommunikation des Benutzers mit einer beliebigen Zahl von Prozessoren ist nicht sinnvoll, d.h. eine explizite Kontrolle jedes einzelnen Prozessors würde die Steuerung kompliziert und schwerfällig machen. Der *Experimentator* soll Informationen über das System erhalten ohne seine innere Struktur zu kennen, d.h. sie soll transparent für ihn sein.

Für die Realisierung eines skalierbaren, interaktiven Simulationssytems sind folgende Einzelkomponenten erforderlich:

Strömungslöser Der Löser übernimmmt die Berechnung für ein diskretes Raumgebiet.

Datentransfer Die Löser müssen ihre Randdaten austauschen können. Um dies effektiv zu realisieren, ist eine asynchrone Kommunikation erforderlich.

Datenaufbereitung Jedem Löser zugeordnet läuft ein Modul, das die Daten nach Beendigung eines Rechenschrittes auf Anforderung aufbereitet. Diese Aufbereitung muß genauso wie die Strömungsberechnung parallelisiert werden.

Steuereinheit Diese Einheit organisiert die Bearbeitung der vom Benutzer kommenden Kommandos auf jedem Prozessor.

Benutzerschnittstelle Hierüber erfolgt die Kommandoeingabe und deren Versendung in das Prozessornetz.

Kommunikation Zwischen der Benutzerschnittstelle und allen Steuereinheiten wird eine Kommunikation aufgebaut.

Visualsierung Die Ergebnisse der Datenaufbereitung werden in geeigneter Weise grafisch dargestellt.

Die Anordnung dieser einzelnen Funktionseinheiten ist in Bild 2 dargestellt. Die perspektivische Anordnung der Module soll ihre ihre beliebige Replikation ausdrücken, d.h. sie werden mit Ausnahme der Visualisierung, die auf einer Workstation stattfindet, auf einer beliebigen Zahl von Prozessoren plaziert.

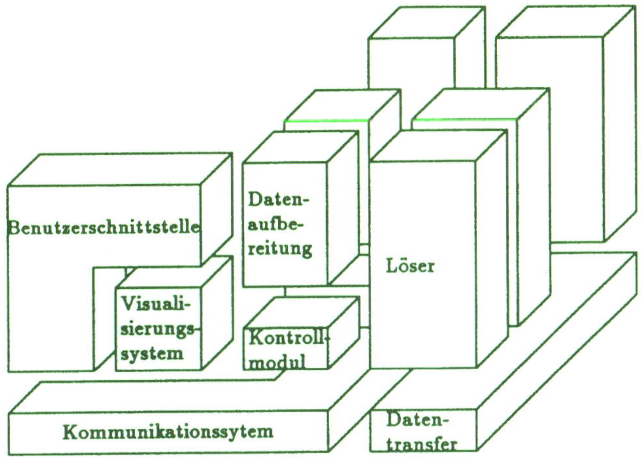

Abbildung 2: Modulorganisation des gesamten Simulationssytems

4 Modulbeschreibung

Im folgenden Kapitel werden alle Module, die im Bild 2 dargestellt sind, in ihrer Funktion, Struktur und teilweise in ihrer programmtechnischen Realisierung beschrieben.

Vorher sind noch ein paar Informationen über das Betriebssytem HELIOS notwendig. HELIOS stellt auf jedem Knoten eine komplette Betriebssystemsfunktionalität UNIX-artiger Oberfläche zur Verfügung. Die Programme werden in gängigen Hochsprachen (ANSI C, FORTRAN etc.) geschrieben. Die Kommunikation zwischen den Prozessoren wird über Bibliotheks-Aufrufe ermöglicht. Die Beschreibungsprache CDL (= component distribution

language) erlaubt eine benutzerdefinierte Verteilung einzelner Programme (Prozesse) und die Verknüpfung ihrer logischen Kommunikationskanäle. Die Abbildung dieser beliebigen Anzahl von logischen Kanälen auf die vier Hardwarelinks wird vom Betriebssystem übernommen. Hiermit wird eine Punkt zu Punkt Verbindung aufgebaut, wobei die verbundenen Prozesse auf beliebige Prozessoren verteilt sein können.

Alle Module sind in der Sprache ANSI C geschrieben, da sie Elemente wie z.B. Zeiger, dynamische Datenstrukturen u.ä. , die die programmtechnische Realisierung vereinfachen, enthält.

4.1 Strömungslöser

4.1.1 Struktur und Parallelisierung

Die grundsätzliche Idee des Strömungslösers ist es, jeden Netzknoten als einen Datenblock (Struktur) zu repräsentieren, der alle notwendigen Informationen enthält, z.B. Strömungsgrößen, Metrikkoeffizienten etc. . Die Verbindung zwischen den im physikalischem Raum benachbarten Punkten wird über Zeiger realisiert. Diese Methode macht den Datenzugriff für die Rechnung schnell und effektiv, insbesondere für dreidimensionale Probleme.

Alle Knoten werden in einer linearen Liste gehalten und zusätzlich über typspezifische Listen referenziert (Bild 3). Beispielsweise sind alle Knoten, die an einer Berandung liegen, zusätzlich in einer solchen Liste aufgeführt. Der Rechenprozess muß die gesamten Knotenlisten abarbeiten, um die Berechnungen für alle Netzpunkte durchzuführen.

Für die Parallelisierung wird die Idee der Gebietszerlegung (*domain decomposition*) benutzt. Das Rechengebiet wird in eine beliebige Anzahl von Untergebieten aufgeteilt, die jeweils einem Prozessor zugeordnet werden (Bild 4).

Jeder Prozessor führt einen Rechenschritt aus, berechnet also den momentanen physikalischen Zustand der Strömung, und tauscht seine Randdaten mit den benachbarten Prozessoren aus. Diese Methode spiegelt die Modellvorstellungen der Kontinuumsphysik wieder. Der physikalische Zustand in einem Raumgebiet – bei Vernachlässigung von Feldeffekten – ist einzig durch den Zustand der angrenzenden Bereiche bestimmt. Für das numerische Schema 2.Ordnung, das im folgenden Abschnitt dargestellt wird, muß das Netz am Rand zwei Reihen weiter reichen als das eigentliche Rechengebiet (Bild 5). Die Werte in diesem Gebiet werden auf diesen Prozessoren gespeichert, ihre Berechnung erfolgt auf den benachbarten Prozessoren. Nach jedem Teilschritt erfolgt ein entsprechender Datenaustausch.

Die Partitionierung des Rechengebietes findet in der Initialisierungsphase statt. Jeder Prozessor erhält die Informationen, die er braucht, um die Strukturen für das Raumgebiet, das er repräsentiert, aufzubauen. Eine Ordnungsstruktur des Rechennetzes wird nicht vorausgesetzt, es können vollkommen unstrukturierte Netze verwendet werden. Das Rechengebiet kann in beliebige Teilgebiete aufgespalten werden, für die die Netze unabhängig voneinan-

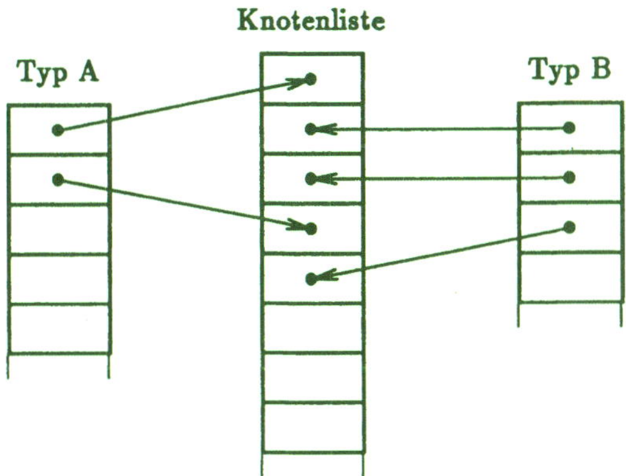

Abbildung 3: Listenstruktur des Lösers. In der Knotenliste sind alle Netzknoten abgespeichert. Typ A und Typ B kennzeichnen beliebige typspezifische Knotenlisten.

der generiert werden können. Damit wird die Netzgenerierung für komplexe Geometrien vereinfacht.

Auf diese Weise bildet der Strömunglöser eine Art von allgemeinem Gerüst, das es erlaubt, unterschiedliche numerische Methoden zu implementieren.

4.1.2 Numerisches Verfahren

Der physikalische Zustand einer Luftströmung ist vollständig beschrieben, wenn die Dichte ρ, der Geschwindigkeitsvektor $\vec{v} = \{u, v, w\}$ und die Energie e in Raum und Zeit bekannt sind. Der Zusammenhang zwischen diesen Größen wird durch die Bilanzgleichungen sowie die ideale Gasgleichung beschrieben. Bei Vernachlässigung von Reibungseffekten bezeichnet man das System der Erhaltungsgleichungen als Eulergleichung, die sich zweidimensional wie folgt notieren läßt:

$$\frac{\partial U}{\partial t} + \frac{\partial F(U)}{\partial x} + \frac{\partial G(U)}{\partial y} = 0 \qquad (1)$$

Hierbei bezeichnet U den Vektor der unbekannten Strömungsgrößen

$$U = \{\rho, \rho u, \rho v, e\} \qquad (2)$$

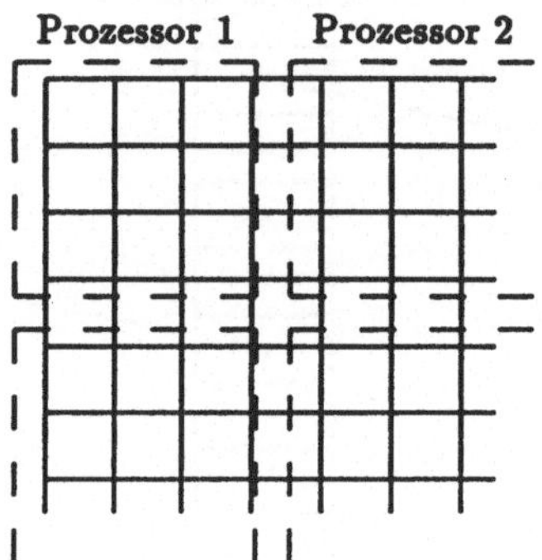

Abbildung 4: Aufteilung des Rechengebiets und Zuordnung zu einzelnen Prozessoren

und F und G die sogenannten Flußvektoren

$$F = \{\rho u, \rho u^2 + p, \rho uv, (e + p)u\} \tag{3}$$

$$G = \{\rho v, \rho uv, \rho v^2 + p, (e + p)v\} \tag{4}$$

Der Druck p ist beschrieben durch

$$e = \frac{1}{(\gamma - 1)} \frac{p}{\rho} + \frac{\rho}{2}(u^2 + v^2) \tag{5}$$

wobei γ das Verhältnis der spezifischen Wärmen ist.

In der Triebwerksaerodynamik ergibt sich das Problem, die Strömung um Körper, die sich relativ zueinander bewegen, zu berechnen. Um die Schwierigkeiten, die sich ergeben, wenn sich Körper durch ein raumfestes Netz bewegen, zu umgehen, werden die Netze körperfest generiert. Eine Kopplung zwischen diesen Netzen, die sich damit relativ zueinander bewegen, erfordert eine Übertragung des physikalischen Zustands des beschriebenen Überlappungsgebietes.

Um diese Übertragung zu vereinfachen und netzangepasste Differenzenquotienten bilden zu können, wird eine Koordinatentransformation vorgenommen. Die Transformation hat die Form

$$\xi = \xi(x, y, t) \tag{6}$$

$$\eta = \eta(x,y,t) \tag{7}$$

$$\tau = \tau(t) \tag{8}$$

mit der Determinante der Jacobi-Matrix

$$J = \xi_x \eta_y - \xi_y \eta_x \tag{9}$$

Damit wird aus der Gleichung (1)

$$\frac{\partial \hat{U}}{\partial t} + \frac{\partial \hat{F}(\hat{U})}{\partial \xi} + \frac{\partial \hat{G}(\hat{U})}{\partial \eta} = 0 \tag{10}$$

mit den Definitonen

$$\hat{U} = U/J \tag{11}$$

$$\hat{F} = (\xi_x F + \xi_y G + \xi_t U)/J \tag{12}$$

$$\hat{G} = (\eta_x F + \eta_y G + \eta_t U)/J \tag{13}$$

Für die numerische Lösung der Gleichung (10) wird ein TVD-Schema verwendet. Dieses Schema beinhaltet einen Mechanismus, der die 2.Ordnung der räumlichen Diskretisierung im Bereich lokaler Extrema automatisch auf 1.Ordnung reduziert, wodurch die Entstehung von Oszillationen der Lösung in diesen Bereichen unterdrückt wird. Realisiert wird dieser Mechanismus über eine Korrektur der numerisch approximierten Flüsse mit Hilfe von sogenannten *Limiter*-Funktionen. Eine genaue Beschreibung dieser Verfahren findet man bei Harten [5] und Yee [11].

Mit Hilfe der *time splitting* Methode von Strang [10] kann ein TVD-Schema 2.Ordnung wie folgt implementiert werden.

$$\hat{U}^{n+2}_{j,k} = \zeta^{h/2}_{\xi} \zeta^{h}_{\eta} \zeta^{h}_{\xi} \zeta^{h}_{\eta} \zeta^{h/2}_{\xi} \hat{U}^{n}_{j,k} \tag{14}$$

$$\zeta^{h}_{\xi} \hat{U}^{n}_{j,k} = \hat{U}^{*}_{j,k} = \hat{U}^{n}_{j,k} - \frac{\Delta t}{\Delta \xi} \left(\tilde{F}^{n}_{j+\frac{1}{2},k} - \tilde{F}^{n}_{j-\frac{1}{2},k} \right) \tag{15}$$

$$\zeta^{h}_{\eta} \hat{U}^{*}_{j,k} = \hat{U}^{*}_{j,k} - \frac{\Delta t}{\Delta \eta} \left(\tilde{G}^{*}_{j,k+\frac{1}{2}} - \tilde{G}^{*}_{j,k-\frac{1}{2}} \right) \tag{16}$$

Hierbei sind $h = \Delta t$ der Zeitschritt und $\Delta\xi$, $\Delta\eta$ die räumlichen Diskretisierungsschrittweiten.

Die Funktionen $\tilde{G}_{j+\frac{1}{2},k}$ und $\tilde{F}_{j+\frac{1}{2},k}$ sind die numerischen Flüsse in ξ und η Richtung. Sie werden an den Stellen $\left(j + \frac{1}{2}, k\right)$ und $\left(j, k + \frac{1}{2}\right)$ entwickelt.

Für ein non-MUSCL Schema in einer Pseudo-finite-Volumen Formulierung können die Flüsse ausgedrückt werden als ([8])

$$\begin{aligned} \tilde{F}_{j+\frac{1}{2},k} = \frac{1}{2} \Bigg[& \left(\frac{\xi_x}{J}\right)_{j+\frac{1}{2}} (F_{j,k} + F_{j+1,k}) + \left(\frac{\xi_y}{J}\right)_{j+\frac{1}{2}} (G_{j,k} + G_{j+1,k}) \\ & + \left(\frac{\xi_t}{J}\right)_{j+\frac{1}{2}} (U_{j,k} + U_{j+1,k}) + R_{j+\frac{1}{2}} \Phi_{j+\frac{1}{2}} / J_{j+\frac{1}{2}} \Bigg] \end{aligned} \tag{17}$$

und

$$\tilde{G}_{j,k+\frac{1}{2}} = \frac{1}{2}\left[\left(\frac{\eta_x}{J}\right)_{k+\frac{1}{2}}(F_{j,k}+F_{j,k+1})+\left(\frac{\eta_y}{J}\right)_{k+\frac{1}{2}}(G_{j,k}+G_{j,k+1})\right.$$
$$\left.+\left(\frac{\eta_t}{J}\right)_{k+\frac{1}{2}}(U_{j,k}+U_{j,k+1})+R_{k+\frac{1}{2}}\Phi_{k+\frac{1}{2}}/J_{k+\frac{1}{2}}\right] \quad (18)$$

$\Phi_{j+\frac{1}{2}}$ beinhaltet die Limiter Funktion für ein TVD Schema 2.Ordnung und $R_{j+\frac{1}{2}}$ ist die Eigenvektor Matrix der Jacobi Matrizen, die für einen Mittelwert von $U_{j,k}$ und $U_{j+1,k}$ (z.B. nach Roe) entwickelt wird.

Eine detailliertere Beschreibung der numerischen Behandlung der erwähnten Netzkopplung und eine Darstellung der Ergebnisse findet man bei [3].

Die Formulierung der Randbedingungen basiert auf einer Anwendung der linearen Störungsrechnung auf die Euler-Gleichungen, wie es von Giles [4] vorgeschlagen wurde. Die genaue Beschreibung der verwendeten Methode findet man bei Engel [2].

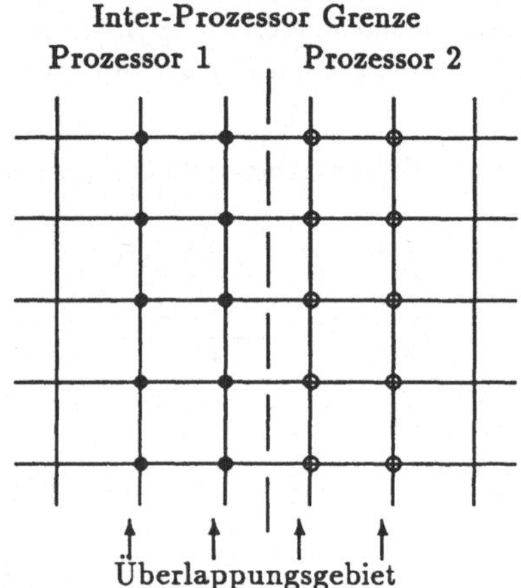

Abbildung 5: Netzüberlappung an der Grenze zweier Prozessoren. Die Werte an den mit Kreisen markierten Netzknoten werden auf dem Prozessor 2 gerechnet und danach an den Prozessor 1 gesendet. Der umgekehrte Vorgang findet an den mit Punktem gekennzeichneten Knoten statt.

4.2 Datentransfer

Die Strömungslöser müssen nach jedem Teilschritt die Daten der überlappenden Gebiete miteinander austauschen. Grundsätzlich gibt es zwei Kommunikationsmechanismen dies zu realisieren, die synchrone und die asynchrone Kommunikation.

Bei der synchronen Kommunikation, ist dieser Vorgang sequentiell in den Löser eingebunden. Damit kann folgende Situation eintreten: Am Ende eines Rechenschrittes wollen alle Prozessoren gleichzeitig die Daten ihres oberen Randes an den entsprechenden Prozessor verschicken. Es findet keine Kommunikation statt (*dead-lock*), da der Prozessor, der empfangen soll, auch gleichzeitig versucht zu senden. Um dies zu vermeiden, muß jeder Prozessor über eine Logik verfügen, die es ihm ermöglicht zu entscheiden, wann er von wo Daten empfangen und wann er Daten wohin schicken soll. Eine solche Logik schränkt die Effektivität und Flexibilität ein, da die Kommunikation vollständig abgeschlossen sein muß, bevor mit der Berechnung fortgefahren werden kann.

Bei der asynchronen Kommunikation, die unabhängig vom Rechenprozess arbeitet und sich mit diesem nur zu bestimmten Zeitpunkten synchronisiert, ergeben sich diese Schwierigkeiten nicht. Um diese Form der Kommunikation zu realisieren, werden die Multi-tasking Fähigkeiten von HELIOS ausgenutzt. HELIOS erlaubt es, einzelne Routinen über den Aufruf einer Systemfunktion parallel zur aufrufenden Funktion als neuen Prozeß auf einem Prozessor zu starten (*forken*). Die Kommunikation zwischen den Prozessen erfolgt über globale Variablen, die Synchronisation über Semaphore.

Jeder Löser *forkt* in der Startphase einen Sender- und einen Empfänger-Prozeß aus und deaktiviert den Sender (Bild 7). Der Empfänger ist bereit, Daten zu empfangen. Nach Beendigung eines Rechenschrittes wird der Sender aktiviert, um die Daten hintereinander an die jeweiligen Nachbarn zu senden. Der Rechenprozess wartet auf die Beendigung des Empfangsprozesses, um dann mit der Rechnung fortzufahren. Die Kommunikationsprozesse terminieren nicht, so daß dieser Zyklus beliebig wiederholt werden kann. Die Kommunikation ist gepuffert, um eine hohe Kommunikationsbandbreite zu erreichen.

Die Interprozessor-Kommunikation arbeitet abhängig vom Strömungslöser und kann von außen nicht beeinflußt werden.

4.3 Datenaufbereitung

4.3.1 Konzept

Um die Ergebnisse einer Analyse zugänglich zu machen, müssen sie zu einer adäquaten Form aufbereitet werden. Abstrakt kann dieser Vorgang als ein Fluß von Daten durch eine Pipeline von Prozessen betrachtet werden, an dessen Ende die gewünschte Form vorliegt. Dies können zum einen Grafikobjekte, zum anderen aber auch einfache Zahlen sein. Ein

Beispiel: Die Machzahl soll zu einem bestimmten Zeitpunkt als Farbverteilung im Rechengebiet grafisch dargstellt werden. Der Strömungslöser liefert die Rohdaten, aus denen diese Größe berechnet werden kann. Damit ergeben sich die Arbeitsschritte:

1. **Extraktion der notwendigen Daten aus den Datenstrukturen des Lösers**
2. **Berechnung der Machzahlverteilung**
3. **Zuordnung der Machzahlverteilung in Form einer Farbverteilung zu einem Koordinatenfeld**

Die einzelnen Schritte dieses Beispieles lassen sich verallgemeinert als zwei verschiedene Typen von Funktionen identifizieren, nämlich als Filter und Mapper. Filter transformieren die Eingangsdaten entsprechend ihrer Struktur. Mapper erzeugen aus ihren Eingangsdaten Grafikobjekte als Ausgangsdaten.

Ein vollständiger Datenaufbereitungszyklus besteht somit aus dem Arrangement dieser Grundeinheiten und deren Aktivierung.

4.3.2 Realisierung

Die vorher beschriebenen Modultypen werden als Prozeduren geschrieben, die Ein- und Ausgangskanäle haben. Die Filter bekommen über ihre Einganskanäle Felddaten und Parameter und liefern als Ausgang Felddaten. Mapper bekommen Felddaten, Parameter und Farbtabellen als Eingang und liefern Grafikobjekte als Ausgangsgrößen. Alle Module werden in einem Pool abgespeichert.

Um die Möglichkeit zu haben, sich beliebige Kombinationen von Größen anschauen zu können, z.B. Isolinen eines Skalars auf einer Farbverteilung, die ein anderes Skalar repräsentiert, ist die Benutzung mehrerer Pipelines vorgesehen. Der Aufbau der einzelnen Pipelines erfolgt interaktiv. In Form von Kommandos wird spezifiziert, welche Module an welcher Stelle der Pipeline stehen (Bild 6) und wie die einzelnen Ein- und Ausgabekanäle miteinander verbunden sein sollen. Die Basisliste enthält die Referenzen zu den einzelnen Pipelines.

Bei Aktivierung der Datenaufbereitung werden die Module der einzelnen Pipelines nacheinander ausgeführt.

Die gesamte Struktur bleibt editierbar, so daß eine Anpassung an die aktuellen Erfordernisse zur Laufzeit möglich ist. Eine grundsätzliche Erweiterung der Funktionalität der Datenaufbereitung ist über die Entwicklung neuer Filter und Mapper jederzeit möglich.

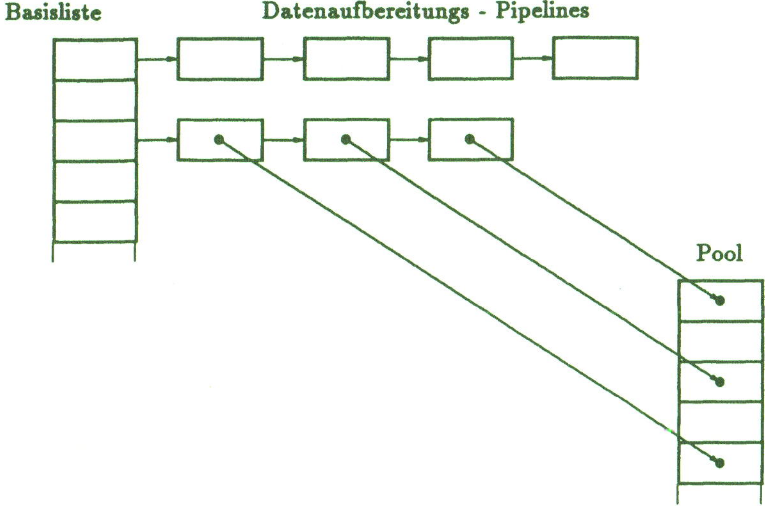

Abbildung 6: Struktur des Datenaufbereitungssystem. Die Basisliste enthält die Referenzen zu den einzelnen Pipelines. Die Zahl der verwendeten Module pro Pipeline ist beliebig. Im Pool sind alle vorhandenen Module abgespeichert.

4.4 Steuereinheit

Die Prozesse Strömungslöser, Datenaufbereitungssytem, Steuereinheit, Datentransfermodul und Kommunikationsmodul werden zusammengefasst als Simulationsmodul bezeichnet.

Die Steuereinheit übernimmt die Kommunikation eines jeden Simulationsmoduls mit der Außenwelt. Nach dem Start des Programmes *forkt* das Modul eine Kommunikationsroutine sowie den Strömungslöser aus. Alle ankommenden Kommandos werden von der Kommunikationsroutine gelesen und, falls sie an den betreffenden Prozessor addressiert sind, in einem FIFO-Stack gespeichert und damit in der Reihenfolge ihres Eintreffens bearbeitet. Kommandos können z.B. sein:

- Anhalten des Systems
- Modifikationen von Parametern
- Aufbau einer Pipeline zur Datenaufbereitung
- ...

Der Strömungslöser läuft asynchron zu dieser Einheit. Durch ein Kommando wird der Löser mittels eines Semaphor-Konstruktes an einer definierten Stelle gestoppt und wieder gestartet. Auf diese Weise können Daten angefordert werden, ohne zu Beginn den Zeitpunkt spezifizieren zu müssen, an dem der Lauf gestoppt wird. In Bild 7 ist die innere Struktur dieses Simulationsmoduls schematisch dargestellt.

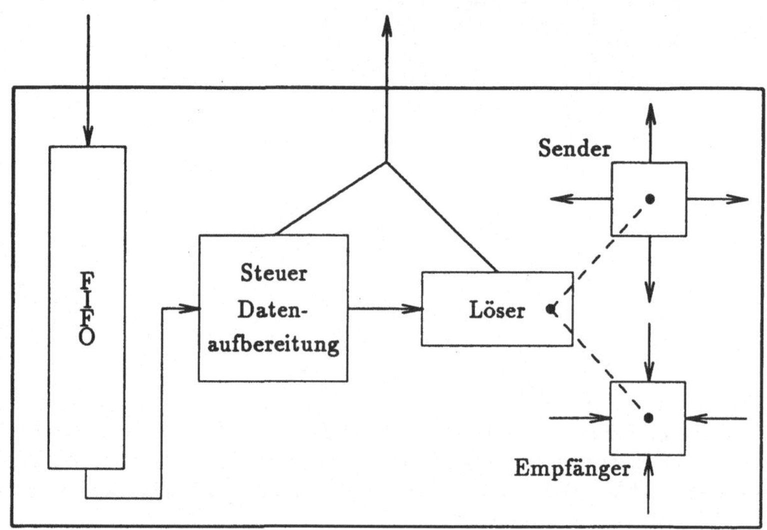

Abbildung 7: Parallele Prozeßstruktur des Simulationsmoduls. Der Steuerprozess liest die Kommandos aus dem FIFO-Stack und steuert damit den parallel arbeitenen Strömungslöser. Die Datenaufbereitung ist eine Routine, die vom Steuerprozeß sequentiell aufgerufen wird. Der Sender und Empänger werden in der Initialisierungsphase vom Löser geforkt.

4.5 Benutzerschnittstelle

Für die Benutzerschnittstelle stellen sich grundsätzlich zwei Anforderungen. Zum einen soll sie flexibel sein, um das System entsprechend des gewünschten Arbeitsablaufes, der vorher nicht eindeutig festgelegt ist, beeinflussen zu können. Zum anderen muß gerade bei einem System, das sehr lange Laufzeiten hat, gewährleistet sein, daß es nicht durch syntaktisch falsche Kommandos zum Absturz gebracht wird.

Eine Möglichkeit, diese Anforderungen zu erfüllen, ist ein Parser. Dieser Parser, der in diesem Fall eine C-artige Syntax verarbeitet, fungiert als interaktive Kommandoumgebung. Der Benutzer gibt Befehle ein, die auf ihre Syntax hin geprüft werden. Wenn die Befehle syntaktisch korrekt sind, generiert der Parser intern einen Datenblock, der dem festgelegten Protokoll entspricht, und sendet diesen Block in das Netz von Prozessoren. Der Ablauf ist so organisiert, daß der Benutzer keine Kenntnis über die Anzahl und die Anordnung der einzelnen Prozessoren haben muß. Er kann Kommandos sowohl an einzelne Prozessoren als auch an alle versenden. Die Eingabe der Befehle erfolgt entweder über die Tastatur oder eine einzulesende Datei. Dadurch wird eine Art Makro-Fähigkeit erreicht, die es erlaubt, sich wiederholende Abläufe zu speichern und jederzeit wieder abzurufen.

4.6 Kommunikation

Es ist technisch nicht möglich, von beliebig vielen Prozessoren eine direkte logische Verbindung zur Benutzerschnittstelle aufzubauen, da für jeden installierten Kommunikationskanal auf Sender- und Empfängerseite entsprechende Puffer angelegt werden müssen. Die Anzahl der möglichen Kanäle ist somit durch die Speicherkapazität begrenzt. Um die Skalierbarkeit zu erreichen, muß die Kommunikation hierachisch organisiert sein.

Die hierarchische Struktur wird in Form von speziellen Kommunikationsmodulen realisiert, die für eine Verteilung und Konzentration von Daten sorgen. Ein Prozeß innerhalb des Kommunikationsmoduls, sorgt dafür, daß die innere Struktur des Prozessornetzes vor dem Benutzer verborgen werden kann.

Das Kommunikationsmodul besteht aus einer Reihe von parallel ablaufenden Prozessen (Bild 4.6), nämlich Paaren von Sende- und Empfangsprozessen, einem einzelnen Empfangsprozess sowie einem Kollektorprozess. An die Prozeßpaare sind jeweils Prozessoren oder wieder andere Kommunikatonsmodule angeschlossen. Der einzelne Empfangsprozess bekommt die Daten des darüber liegenden Prozesses. Dies ist entweder ein Sendeprozess eines Kommunikationsmoduls oder die Benutzerschnittstelle. Wenn dieser Prozeß Daten empfangen hat, triggert er die Sender, diese Daten weiter zu transportieren. Wenn ein Empfangsprozess Daten erhalten hat synchronisiert er sich mit den anderer Empfängern und schickt die Daten eine Ebene weiter.

Der Kollektorprozess dient dazu, bei einigen Daten deren Weitertransport zu verhindern, bis die Informationen von allen Empfängern eingetroffen sind. Danach gibt er nur bestimmte weiter. Durch diesen Mechanismus benötigt der Benutzer keine Information über die innere Struktur des Prozessor-Netzes, da durch diese Hierarchie das gesamte System in einem definiertem Zustand gehalten wird.

Bild 9 zeigt eine mögliche logische Struktur der Simulations- und Kommunikationsmodule.

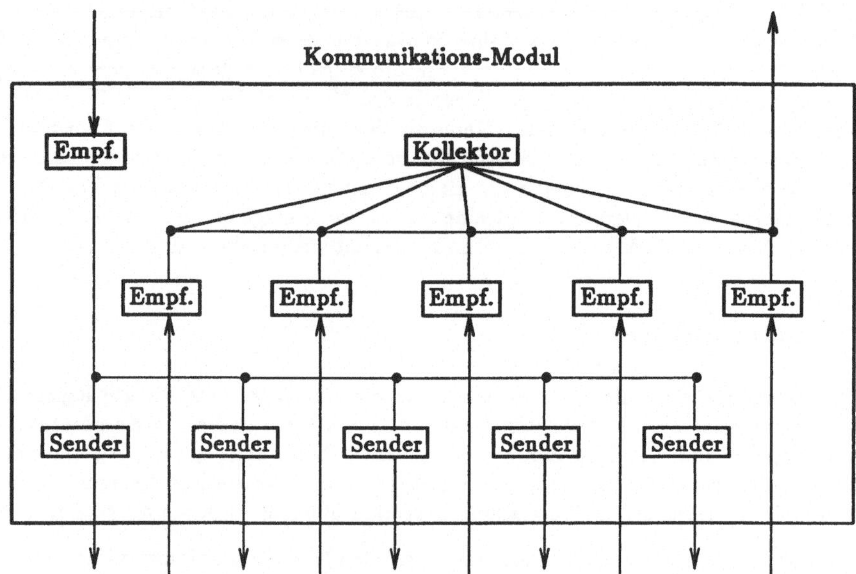

Abbildung 8: Prozeßstruktur des Kommunikatonsmoduls

4.7 Visualisierung

Das Visualisierungssystem hat die Aufgabe, die aus dem Datenaufbereitungssystem kommenden Grafikdaten darzustellen. Die dargstellten Objekte können durch das System nur bewegt und skaliert werden, alle anderen Manipulationen wie z.B. Veränderung von Farbverteilungen, Darstellungsformen u.ä. werden bereits transputerseitig vorgenommen, um die Kontrolle über das gesamte Simulationssystem bei der Benutzerschnittstelle zu belassen.

Das Visualisierungssystem, auch in C geschrieben, basiert auf dem Grafiksystem PEX. PEX (= PHIGS extension to X-Windows) ist ein hierarchisches, interaktives, dreidimensionales Grafiksystem. Die Datenstrukturen des Aufbereitunssystems sind hieran angepasst, so daß die ankommenden Daten direkt ohne weitere Bearbeitung übernommen werden können.

Technisch wird die Kopplung zwischen Workstation und Transputersystem über spezielle Hardware realisiert.

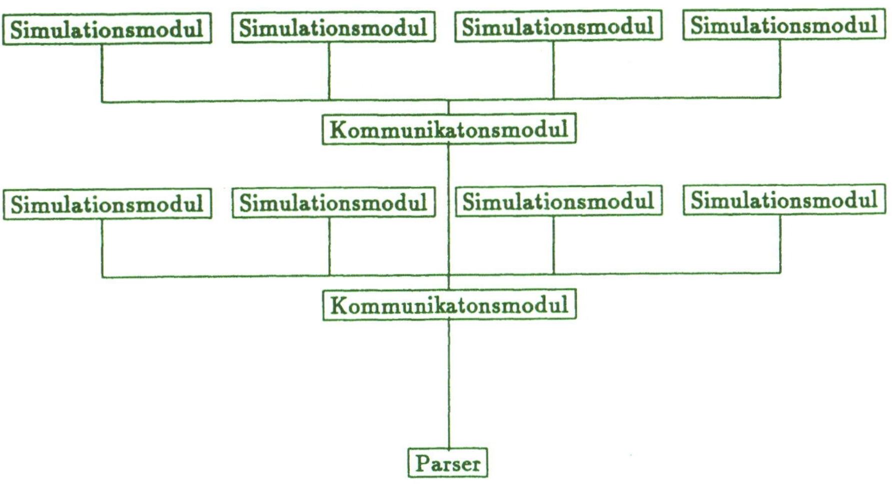

Abbildung 9: eine mögliche logische Prozeßstruktur des Simulationssystems

5 Performance

Für die Beurteilung der Leistungsfähigkeit eines Parallelrechners und der verwendeten Software sind zwei Kriterien von besonderem Interesee: der *Speedup* und die Effektivität. Der *Speedup* gibt an, wie hoch bei einer festen Problemgröße die Geschwindigkeitssteigerung bei Verwendung von mehr Prozessoren ist.

$$s(n) = \frac{T(1)}{T(n)} \tag{19}$$

Hierbei bedeutet $T(1)$ die Rechenzeit des Problems auf einem Prozessor und $T(n)$ auf n Prozessoren. Die Effektivität beschreibt die Ausnutzung der Rechenleistung eines ein-

zelnen Prozessors.

$$e(n) = \frac{T(1)}{nT(n)} \tag{20}$$

Durch diese Größen wird das Verhältnis von Kommunikations- zu Rechenzeit ausgedrückt. Die beiden Extremfälle sind, daß ein Prozessor das gesamte Feld berechnet und daher überhaupt nicht kommunizieren muß, bzw. n Prozessoren berechnen nur jeweils einen Netzpunkt und kommunizieren überwiegend.

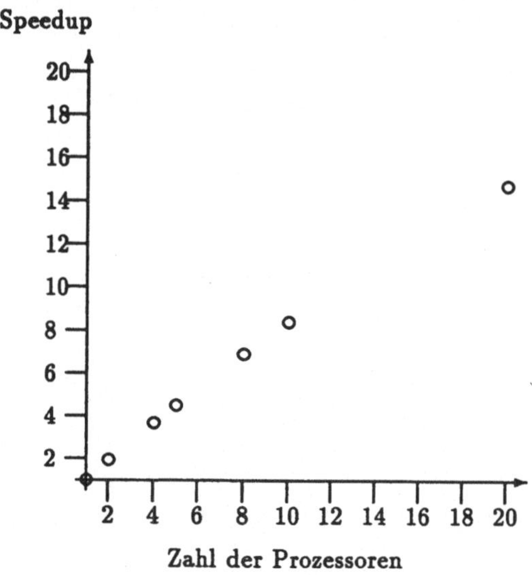

Abbildung 10: Speedup über die Zahl der Prozessoren bei einem Netz konstanter Größe.

Diese Zusammenhänge sind von dem numerischen Algorithmus abhängig, der parallelisiert wird. Für das vorgestellte TVD-Verfahren ergibt sich für eine konstante Netzgröße ein Verlauf des Speedup in Abhängigkeit von der Anzahl der eingesetzten Prozessoren wie er in Bild 10 dargestellt ist. Der zunehmend regressive Verlauf der Kurve hat mehrere Ursachen:

- Das Verhältnis von Kommunikations- zu Rechenzeit mit kleiner werdendem Rechengebiet wird immer ungünstiger.

- In dem Überlappungsgebiet werden die numerischen Flüsse auf der Grenze zwischen den Prozessoren doppelt berechnet. Der Effekt dieser Doppelberechnung wird mit zunehmender Prozessorzahl immer signifikanter.

- Die Lastverteilung zwischen den Prozessoren ist nicht optimal gewählt. Die am physikalischen Rand des Rechengebietes liegenden Prozessoren müssen die Randbedingungen mit berechnen. Über deren rechentechnischen Aufwand sind, da keine entsprechenden Analyseinstrumente zu Verfügung stehen, nur Schätzungen möglich. Bei ungünstiger Aufteilung des Rechengebiets, kann sich dadurch die Lastverteilung verschieben.

Für eine feste Zahl von Prozessoren stellt sich der Effektivitätsverlauf wie in Bild 11 gezeigt dar. Die vorher aufgezählten Gründe spiegeln sich auch in diesem Kurvenverlauf wieder. Bei sehr kleinen Netzpunktzahlen ist der Kommunikationsaufwand sehr hoch, was sich in einer geringen Effektivität ausdrückt.

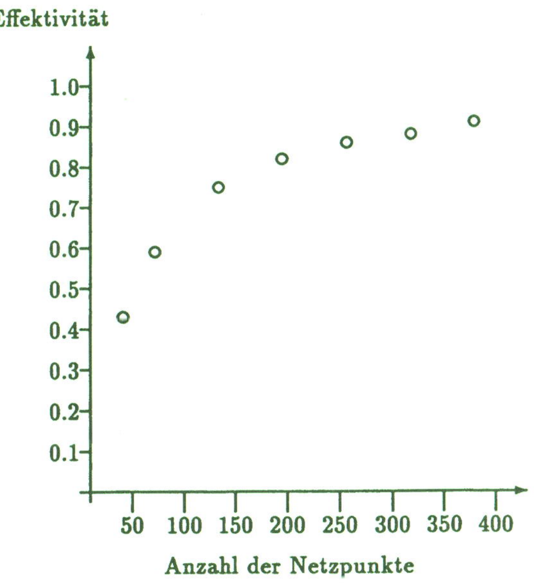

Abbildung 11: Effektivität über Zahl der Netzpunkte für eine feste Topologie

6 Zusammenfassung und Ausblick

Die Struktur eines Parallelrechners eröffnet die Möglichkeit, strömungsmechnaische Probleme anzugehen, deren Behandlung bis dahin jenseits des technisch Machbaren lagen.

Physikalische Grundlagenuntersuchungen, wie z.B. die direkte Simulation von Turbulenzphänomenen, aber auch technische Anwendungen, wie z.B. die Simulation der Strömung durch ein komplettes Flugzeugtriebwerk, rücken in den Bereich des Möglichen. Es können Rechner beliebiger Leistung durch Einsatz entsprechender Prozessorzahlen aufgebaut werden. Die momentan größten geplanten Systeme werden aus bis zu 2^{16} Prozessoren bestehen, mit Rechenleistungen von bis zu 1.6 TeraFLOPS. Trotz ihrer Größe bleiben sie noch prinzipiell koppelbar und damit erweiterbar.

Die Nutzung dieser Hardware setzt entsprechende Software-Entwicklungen voraus, also Programme, die skalierbar sind. Sie werden auf einer geringen Zahl von Prozessoren entwickelt und dann auf große Systeme übertragen, da eine Entwicklung auf Prozessorzahlen genannter Größenordnung kaum durchführbar sein dürfte.

Worin die Probleme einer solchen Entwicklung bestehen und wie ein möglicher Lösungsansatz aussieht, wurde in den vorangegangenen Kapiteln aufgezeigt. Es wurde bei der Entwicklung versucht, die parallele Struktur des Simulationsprozesses auf die spezielle Rechnerarchitektur abzubilden. Eine solche Vorgehensweise beginnt wie gezeigt zwangsläufig bei der Analyse der Problemstruktur.

Faßt man die gesamte Darstellung zusammen, kann festgestellt werden, daß nur durch Parallelrechner die erforderlichen Rechenkapazitäten bereitgestellt werden können, die es erlauben, signifikante Fortschritte bei der numerischen Simulation von Strömungsvorgängen zu erzielen.

Literatur

[1] S. BRANDT *Media Lab* Rowohlt Taschenbuch Verlag, Hamburg, 1990.

[2] K. ENGEL M. FADEN S. POKORNY *Numerical Investigation of the Unsteady Flow Through a Counter-Rotating Fan* Proceedings of the 18th ICAS CONGRESS, 20-25 September 1992, in Vorbereitung

[3] M. FADEN, S. POKORNY, K. ENGEL *An Integrated Flow Simulation System on a Parallel Computer. Part II: The Flow Solver* Numerical Methods in Laminar and Turbulent Flow, Vol. VII, Part 2, Proceedings of the Seventh International Conference held in Stanford, 15th–19th July 1991, Edts C.Taylor, J.H.Chin, G.M.Homsy, Pineridge Press, Swansea, U.K.

[4] M. GILES *Non Reflecting Boundary Conditions for the Euler Equations* MIT, CFDL-TR-88-1, 1988.

[5] A. HARTEN *On a class of high-resolution total-variation-stable finite-difference schemes* SIAM J. NUM. ANAL., Vol.21, pp.1-23, 1984.

[6] A. HARTEN, B. ENQUIST, S. OSHER, S. CHAKRAVARTHY *Uniformly High Order Accurate Essentially Non-Oscillatory Schemes III* ICASE Report No. 86-22, 1086.

[7] INMOS Ltd. *Transputer Reference Manual* Prentice Hall, New York, 1988

[8] Y. J. MOON, H. C. YEE *Numerical Simulation by TVD Schemes of Complex Shock Reflections from Airfoils at High Angle of Attack* AIAA-87-0350, AIAA 25th Aerospace Science Meeting, Reno, Nevada, January 12-15, 1987.

[9] PERIHELION SOFTWARE Ltd. *The Helios Operating System* Prentice Hall, New York, 1989

[10] G. STRANG *On the Construction And Comparison of Difference Scheme* SIAM J. Numer. Aanl., Vol.5, No.3. Sept. 1968.

[11] H. C. YEE *A class of high-resolution explicit and implicit shock-capturing methods* VKI-Lecture Notes in computational fluid dynamics, 1989.

Lösung der Navier-Stokes Gleichungen auf Transputer-Systemen

E. Ortner, G. Seider, D. Hänel

Aerodynamisches Institut, RWTH Aachen
Wüllnerstraße 5–7
D-5100 Aachen

Zusammenfassung

Als Beispiel einer realen Anwendung aus dem Bereich der numerischen Strömungsmechanik wird die stationäre transsonische Strömung um ein Tragflügelprofil berechnet. Zu diesem Zweck werden die Navier-Stokes Gleichungen mit Hilfe einer Finiten Differenzen Approximation numerisch gelöst. Ein hochauflösendes Upwind Schema [HA 84] ermöglicht eine sehr genaue Wiedergabe der bei Untersuchungen im Windkanal erhaltenen Ergebnisse. Die zeitliche Integration der Gleichungen erfolgt durch ein explizites Runge-Kutta Verfahren. Ein algebraisches Turbulenzmodell [BA 78] wird verwendet, um das Gleichungssystem für die Berechnung turbulenter Strömungen zu schließen. Das Programm war ursprünglich für die Abarbeitung auf Vektorrechnern entwickelt und optimiert worden [SE 91].

Im vorliegenden Artikel wird die Übertragung und Optimierung des Simulationsprogramms auf ein Transputersystem, dem Parsytec SuperCluster-256, beschrieben. Die Parallelisierung des Algorithmus erfolgt durch Gebietszerlegung (grid partitioning). Die Laufzeiten des Programms bei Variation der Prozessorzahl wurden gemessen. Die Ergebnisse zeigen einen nahezu linearen Speedup für kleine bis mittlere Prozessorzahlen. Die hohen Verluste bei großen Prozessorzahlen werden durch den Überhang an Kommunikation und doppelt ausgeführten Berechnungen verursacht. Da das parallele Programm ohne Änderungen auf sequentielle Rechner übertragbar ist, kann die Leistung des Transputersystems mit jenen von Vektorrechnern verglichen werden.

1 Einleitung

Um den hohen Anforderungen zu genügen, die von der Flugzeugindustrie an die Berechnung transsonischer Strömungen um Flügelprofile gestellt werden, sind sehr effiziente und genaue Algorithmen erforderlich. Die zur Zeit in der Entwurfsaerodynamik verwendeten zonalen Methoden, wie die Potential/Grenzschicht oder Euler/Grenzschicht Verfahren, versagen dort, wo es zu einer starken Interaktion der reibungsbehafteten und reibungsfreien Stömungsgebiete kommt, z.B. in der Nähe von Verdichtungsstößen oder bei Strömungsablösungen. Navier-Stokes Verfahren unterliegen im allgemeinen nicht diesen Einschränkungen, was vor allem bei der Berechnung komplexer dreidimensionaler Strömungen vorteilhaft ist. Sie sind jedoch bedeutend aufwendiger bezüglich Rechenzeit und Speicherplatzbedarf als die herkömmlichen Verfahren und werden deshalb nur selten angewendet.

Massiv parallele Rechensysteme, basierend auf leistungfähigen und kostengünstigen Mikroprozessoren, bieten heute schon eine sinnvolle Alternative zu Vektorrechnern. Aufgrund der guten Skalierbarkeit ihrer Rechen- und Speicherkapazität könnten sie in Zukunft die Basis für eine breitere Akzeptanz von Navier-Stokes Verfahren liefern.

Das Ziel unserer Forschungen ist daher die Entwicklung paralleler Algorithmen für die Lösung der Navier-Stokes Gleichungen zur Berechnung komplexer Strömungen. In einem ersten Schritt wurde ein Programm parallelisiert, welches die turbulente kompressible Strömung um ein superkritisches Tragflügelprofil simuliert. Dazu werden die Navier-Stokes Gleichungen mit Thin-Layer-Approximation und algebraischem Turbulenzmodell gelöst. Die Diskretisierung der Euler Terme erfolgt nach dem Modified-Flux-Approach von Harten [HA 84] und Yee [YE 83]. Dieses Verfahren ist zweiter Ordnung genau im Raum und besitzt TVD Eigenschaften. Für die Zeitintegration wird ein Runge-Kutta 5-Schritt Verfahren verwendet. Dieses explizite Schema hat den Vorteil, daß die Rechnung auf allen Punkten gleichzeitig und mit vornehmlich lokal verfügbaren Daten durchgeführt werden kann.

Die Auftrennung des räumlichen Integrationsgebietes in kleinere, einander überlappende Untergebiete (grid partitioning) ermöglicht die parallele Bearbeitung des Algorithmus. Das aus 258×66 Punkten bestehende Gitternetz wird in Streifen geteilt, wodurch bis zu 128 Prozessoren bei der Berechnung genutzt werden können. Bei der Parallelisierung Programms wurde darauf geachtet, daß es auch auf sequentiellen Vektorrechnern lauffähig bleibt.

2 SuperCluster-256

Der Parsytec SuperCluster-256 besteht aus 256 auf dem Transputer T800 basierende Prozessorelemente und 28 Kreuzschienenverteiler, den NCUs (network configuration unit). Das System ist unterteilt in 16 Computing Cluster, welche aus je einer NCU und 16 Prozessorelementen aufgebaut sind. Acht NCUs und die Computing Cluster sind zu einem CLOS-Netzwerk verkabelt. Dadurch können zwei beliebige Prozessorelemente des SC-256 über eine Verbindung, die maximal drei NCUs benötigt, miteinander kommunizieren. Dies ist wichtig, wenn man in Betracht zieht, daß die Kommunikationsbandbreite zwischen zwei Transputer mit jeder zusätzlich benötigten NCU um etwa 1/5 abnimmt. Die restlichen vier NCUs dienen als Verbindung zu 12 Gbyte Massenspeicher und zum Front/End Rechner, über den maximal acht Benutzer gleichzeitig auf das System Zugriff haben.

Das Betriebssystem HELIOS erleichtert die Parallelisierung von FORTRAN und C Programmen, da es die gesamte Kommunikation und das damit verbundene Routen verwaltet. Sollen in einem Programm jedoch viele kurze Datenmengen ausgetauscht werden, so führt das bei den langen Startup Zeiten unter HELIOS zu großen Leistungseinbußen. Bei Datenmengen die größer als 4 Kbyte sind, wie im hier beschriebenen Fall, ist der Unterschied in der Transferrate zwischen OCCAM und HELIOS nur noch 6% und daher von untergeordneter Bedeutung [JO 90].

3 Lösungsmethode

3.1 Bestimmende Gleichungen

Reibungsbehaftete kompressible Strömungen werden durch die Navier-Stokes Gleichungen beschrieben. Da bei unserem Testfall keine Strömungsablösungen auftreten, kann die Thin-Layer-Approximation verwendet werden. Das System der Erhaltungsgleichungen wird durch die Zustandsgleichung für ideales Gas geschlossen. Die Modellierung der turbulente Strömung erfolgt durch das Turbulenzmodell von Baldwin und Lomax [BA 78]. Die Thin-Layer Navier-Stokes

Gleichungen für ein zweidimensionales krummliniges Koordinatensystem (ξ, η) und in konservativer Form lauten:

$$\frac{\partial Q}{\partial t} + \frac{\partial E}{\partial \xi} + \frac{\partial F}{\partial \eta} = \frac{1}{Re_\infty} \frac{\partial S}{\partial \eta} \tag{3.1}$$

mit den konservativen Variablen Q, den Euler Flüssen E, F und dem viskosen Fluß S in Richtung normal zur Profiloberfläche η:

$$Q = J \begin{bmatrix} \rho \\ \rho u \\ \rho v \\ e \end{bmatrix} \qquad S = J \left[\eta_x \begin{pmatrix} 0 \\ \tau_{xx} \\ \tau_{xy} \\ e_4 \end{pmatrix} + \eta_y \begin{pmatrix} 0 \\ \tau_{xy} \\ \tau_{yy} \\ f_4 \end{pmatrix} \right]$$

$$E = J \begin{bmatrix} \rho U \\ \rho u U + \xi_x p \\ \rho v U + \xi_y p \\ U(e+p) \end{bmatrix} \qquad F = J \begin{bmatrix} \rho V \\ \rho u V + \eta_x p \\ \rho v V + \eta_y p \\ V(e+p) \end{bmatrix}$$

J ist die Jakobische der Metrikterme $(x_\xi y_\eta - x_\eta y_\xi)$, die als das Volumen der Kontrollzelle interpretiert werden kann. U und V sind die kontravarianten Geschwindigkeiten und $\tau_{xx}, \tau_{xy}, \tau_{yy}, e_4, f_4$ sind die viskosen Terme, in denen die Ableitungen in η-Richtung vernachlässigt werden.

3.2 Diskretisierung

Die Diskretisierung der Gleichungen für ein knotenzentriertes Schema ergibt

$$\frac{\Delta Q_{i,j}}{\Delta t} + \frac{1}{\Delta \xi}(\tilde{E}_{i+\frac{1}{2},j} - \tilde{E}_{i-\frac{1}{2},j}) + \frac{1}{\Delta \eta}(\tilde{F}_{i,j+\frac{1}{2}} - \tilde{F}_{i,j-\frac{1}{2}}) =$$

$$= \frac{1}{\Delta \eta \, Re_\infty} (S_{i,j+\frac{1}{2}} - S_{i,j-\frac{1}{2}}) \tag{3.2}$$

Die viskosen Flüsse $S_{j\pm\frac{1}{2}}$ an den Rändern des Kontrollvolumens $j \pm \frac{1}{2}$ werden mit zentralen Differenzen diskretisiert. Für die reibungfreien Terme $\tilde{E}_{i\pm\frac{1}{2}}$,

$\tilde{F}_{j\pm\frac{1}{2}}$ wird ein von Roe [RO 81] entwickelter und durch Hartens Modified-Flux-Approach [HA 84] erweiterter angenäherter Riemann Löser verwendet. Die hier implementierte Form [SE 91] benutzt eine modifizierte Formulierung für krummlinige Koordinaten [YE 83]. In glatten Regionen ist diese Schema von zweiter Ordnung genau, wohingegen bei Unstetigkeiten im Strömungsfeld die Genauigkeit durch einen geeigneten Flußlimiter auf erste Ordnung reduziert wird. Auf diese Weise erhält man TVD Eigenschaften und Stöße werden scharf und oszillationsfrei aufgelöst.

Die zeitliche Diskretisierung erfolgt durch ein explizites Verfahren, d.h. die Strömungsvariablen für den Zeitpunkt $n+1$ können direkt aus den Werten des vorhergehenden Zeitpunkts n berechnet werden:

$$\frac{Q_{i,j}^{n+1} - Q_{i,j}^{n}}{\Delta t} = Res(Q_{i,j}^{n}) \tag{3.3}$$

Das Residuum $Res(Q_{i,j}^{n})$ beinhaltet die Summe der räumlichen Differenzen aus Gleichung 3.2, die für eine stationäre Lösung gegen Null gehen muß. Im Vergleich zu impliziten Algorithmen, die die Lösung großer Gleichungssyteme erfordern und dadurch starke Rekursionen aufweisen, sind explizite Schemata auf Vektor- und Parallelrechnern einfacher zu implementieren. Bei solchen Vefahren muß jedoch eine geringere Konvergenzrate aufgrund der Zeitschrittbegrenzung in Kauf genommen werden.

In diesem Fall wird für die Integration der Navier-Stokes Gleichungen ein Runge-Kutta Verfahren mit fünf Zwischenschritten angewendet:

$$\begin{aligned}
Q^{(0)} &= Q_{i,j}^{n} \\
Q^{(1)} &= Q^{(0)} + \alpha_1 \cdot \Delta t \cdot Res(Q^{(0)}) \\
Q^{(2)} &= Q^{(0)} + \alpha_2 \cdot \Delta t \cdot Res(Q^{(1)}) \\
Q^{(3)} &= Q^{(0)} + \alpha_3 \cdot \Delta t \cdot Res(Q^{(2)}) \\
Q^{(4)} &= Q^{(0)} + \alpha_4 \cdot \Delta t \cdot Res(Q^{(3)}) \\
Q^{(5)} &= Q^{(0)} + \alpha_5 \cdot \Delta t \cdot Res(Q^{(4)}) \\
Q_{i,j}^{n+1} &= Q^{(5)}
\end{aligned} \tag{3.4}$$

Die α-Koeffizienten wurden für maximale Stabilität optimiert und lauten:

$$\alpha_1 = 0.059 \qquad \alpha_2 = 0.14 \qquad \alpha_3 = 0.273 \qquad \alpha_4 = 0.5 \qquad \alpha_5 = 1.$$

thode der Charakteristiken beruhen.

Im Vergleich mit den von Cook [CO 79] angegebenen experimentellen Daten zeigt die numerische Lösung eine gute Übereinstimmung für den hier gewählten Testfall (Abb. 3.1):

$$Ma = 0.73 \qquad Re = 6.5 * 10^6 \qquad \alpha = 3.19^o \qquad \alpha_{corr} = 2.79^o$$

4 Parallelisierung

Für die Bearbeitung dieses numerischen Problems auf einem Parallelrechner mit verteiltem Speicher muß der Lösungsalgorithmus in mehrere Prozesse aufgeteilt werden. Die Lösung des Problems kann von der Art der Parallelisierung abhängen. Wir haben daher einige Anforderungen an die parallele Implementierung des Programms gestellt:

1. Es darf zu keinen Genauigkeitverlusten gegenüber der sequentiellen Lösung kommen, d.h. die räumliche Diskretisierung darf durch die Parallelisierung nicht beeinflußt werden.
2. Die Konvergenzrate des Verfahrens sollte sich nicht verringern.
3. Eine optimale Auslastung des Parallelrechners muß erreicht werden.
4. Das Program muß mit geringfügigen Änderungen auf Vektorrechner und andere Parallelrechner portierbar sein.

4.1 Grid Partitioning

Das Gitternetz wird in mehrere gleich große und überlappende Untergebiete aufgeteilt. Das Turbulenzmodell führt zu globalen Datenabhängigkeiten in Richtung normal zur Profiloberfläche. Um nun globale Kommunikation zu vermeiden, wird das Gitternetz in der anderen Richtung, d.h. entlang der Profilkontur und des Nachlaufs, in Streifen aufgeteilt (Abb. 4.1). Die zu den Teilgebieten gehörenden Daten, wie die x und y Werte der Gitterpunkte und die konservativen Variablen $\rho, \rho u, \rho v$ und e werden auf die Prozessorknoten des SC-256 verteilt und dort lokal verarbeitet.

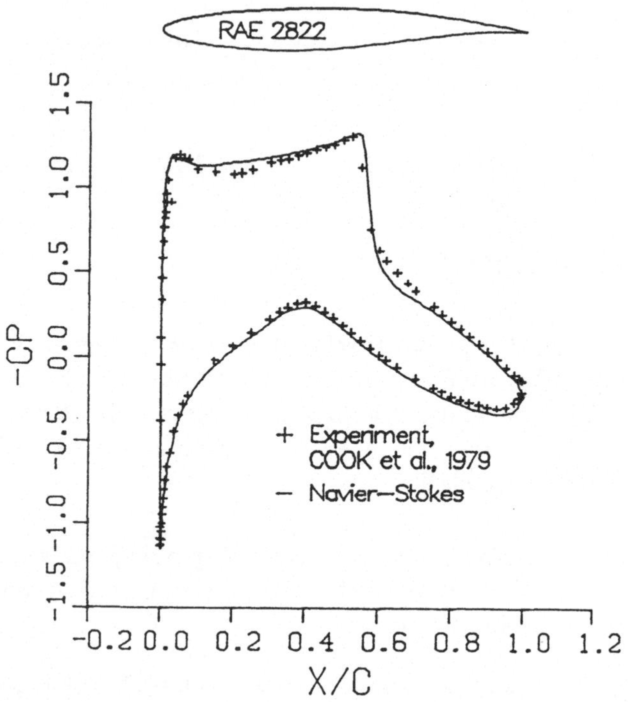

Abbildung 3.1: Druckverteilung auf der Profiloberfläche

3.3 Anwendung auf transsonische Tragflügelumströmung

Für die Berechnung der reibungsbehafteten überkritischen Strömung um das RAE 2822 Flügelprofil wird ein C-förmiges Netz verwendet, dabei beträgt der Abstand zwischen dem Profil und dem äußeren Rand das 20-fache der Sehnenlänge. Das Netz besteht aus 258 × 66 Gitterpunkten, wovon 212 auf dem Profil liegen. Die laminare Grenzschicht in der Nähe der Profilvorderkante wird mit acht und die weiter stromabliegende turbulente Grenzschicht mit 20 bis 30 Gitterpunkten aufgelöst (Abb. 4.1).

An den Grenzen des Integrationsgebiets werden Standardrandbedingungen formuliert. An der Profiloberfläche sind das die Stokesschen Haftbedingungen, wobei zusätzlich die Druck- und Temperaturgradienten (adiabate Wand) in Normalenrichtung zu Null gesetzt werden. Am äußeren Rand werden die Fernfeldrandbedingungen für reibungsfreie Stömung verwendet, welche auf der Me-

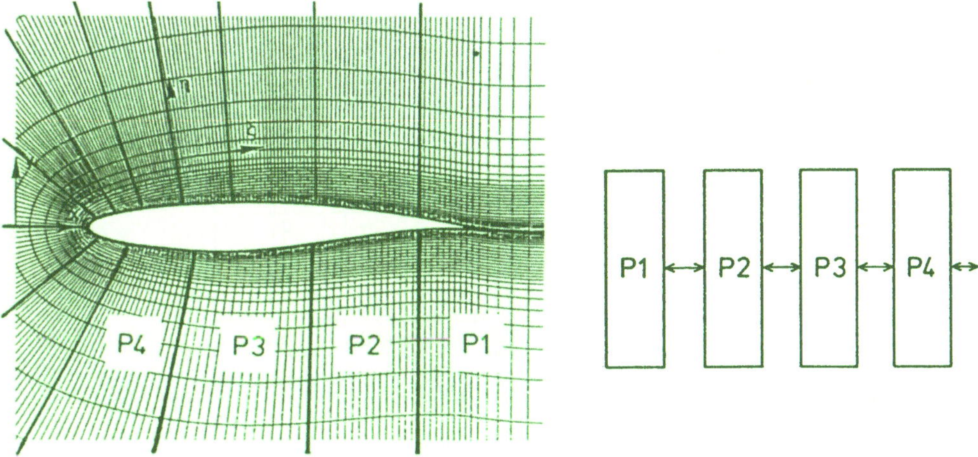

Abbildung 4.1: Verteilung des Netzes auf die Prozessoren

4.2 Kommunikation

Nach jedem Runge-Kutta Zwischenschritt tauschen die Prozessoren mit ihren jeweiligen linken und rechten Nachbarn die Strömungsdaten zweier Gitterlinien aus. Dies ist notwendig für die Erhaltung der räumlichen Genauigkeit an den Rändern der Teilgebiete und folgt aus dem oben beschriebenen Differenzenschema, welches einen sieben Punkte Stern für die Diskretisierung der Euler Terme verwendet. Die Mindeststreifendicke der Teilgebiete ist folglich auf zwei Gitterpunkte festgelegt, was die maximal für dieses Problem verwendbare Anzahl der Prozessoren auf 128 limitiert. Außerdem bleiben durch die eindimensionale Aufteilung des Gitternetzes die Größe der auszutauschenden Datenpakete konstant ($66 \times 2 \times 4 \times 8 = 4224$ bytes). Die Kommunikation geschieht mittels synchroner POSIX Routinen und wird durch HELIOS verwaltet.

Der Austausch der Randdaten läuft in insgesamt vier Schritten ab, je zwei für die linken und die rechten Ränder. Ausgehend von einer durchnumerierten Prozessorkette kann dieser Vorgang parallel durchgeführt werden: Im ersten Schritt senden alle Prozessoren mit ungeraden Nummern Daten an ihre rechten Nachbarn. Diese, die Prozessoren mit geraden Nummern, empfangen dabei

Prozessoren	CPU-Zeit	Speedup	Effizienz
1	483.000	1.00	100
2	243.500	1.98	99
4	121.600	3.97	99
8	61.360	7.87	98
16	31.140	15.50	97
32	16.340	29.60	92
64	9.078	53.20	83
128	5.780	83.60	65

Tabelle 5.1: CPU-Zeit (sec.), Speedup und Effizienz (%) auf dem SC-256

die neuen linken Randdaten ihres Rechengebiets. Im folgenden zweiten Schritt wechseln beiden Gruppen ihre Aufgabe. Der Austauch der rechten Randwerte geschieht analog. Durch diese Methode des Datenaustauschs und durch die konstante Größe der Datenpakete bleibt die für die Kommunikation aufgewendete Zeit unabhängig davon, wieviele Prozessoren für die gesamte Berechnung verwendet werden.

Während des zweiten und vierten Schrittes der Kommunikationsphase sind der erste und der letzte Prozessor nicht betroffen und berechnen in der Zwischenzeit die Fernfeldrandbedingungen an den rückwärtigen Ausströmrändern. Nach der Kommunikation werden noch die fehlenden Randbedingungen an der Außen- und Innenseite des C-Netzes bestimmt. Die Prozessoren, die die Strömungsgebiete ober- und unterhalb des Nachlaufs berechnen, müssen zusätzlich ihre Randdaten entlang der Nachlauflinie austauschen.

5 Ergebnisse

Alle an die Parallelisierung gestellten Anforderungen konnten erfüllt werden. Testrechnungen mit variierender Anzahl von Prozessoren ergaben die gleiche Genauigkeit und Konvergenzrate.

Eine gute Auslastung der Prozessoren konnte erreicht werden, da für die Anzahl der inneren Gitterpunkte in der parallelisierten Richtung eine Zweierpotenz gewählt wurde und alle Prozessoren dieselbe Menge an Punkten zu behandeln haben. Der erste und der letzte Prozessor können die Berechnung der Randbedingungen am hinteren Ausströmrand während des Kommunikationsprozesses ausführen, weshalb es trotz dieser zusätzlichen Arbeit zu keinen Wartezeiten für die restlichen Prozessoren kommt.

5.1 Speedup und Effizienz

Die durchschnittliche CPU-Zeit $T(n)$, die n Prozessoren für die Integration eines Zeitschritts benötigen, wurde aus den ersten hundert Zeitschritten gemittelt. Tabelle 5.1 zeigt die aus diesen Werten errechnete Beschleunigung des Programms $S(n)$ und die erreichte Effizienz der Prozessoren $E(n)$.

$$S(n) = \frac{T(1)}{T(n)} \qquad E(n) = \frac{S(n)}{n} \tag{5.1}$$

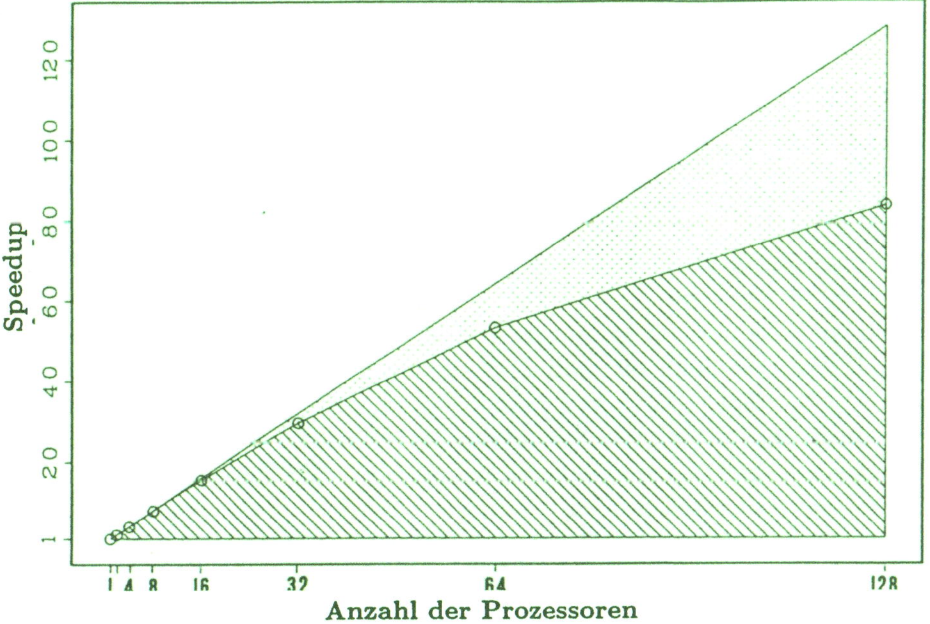

Abbildung 5.1: Speedup

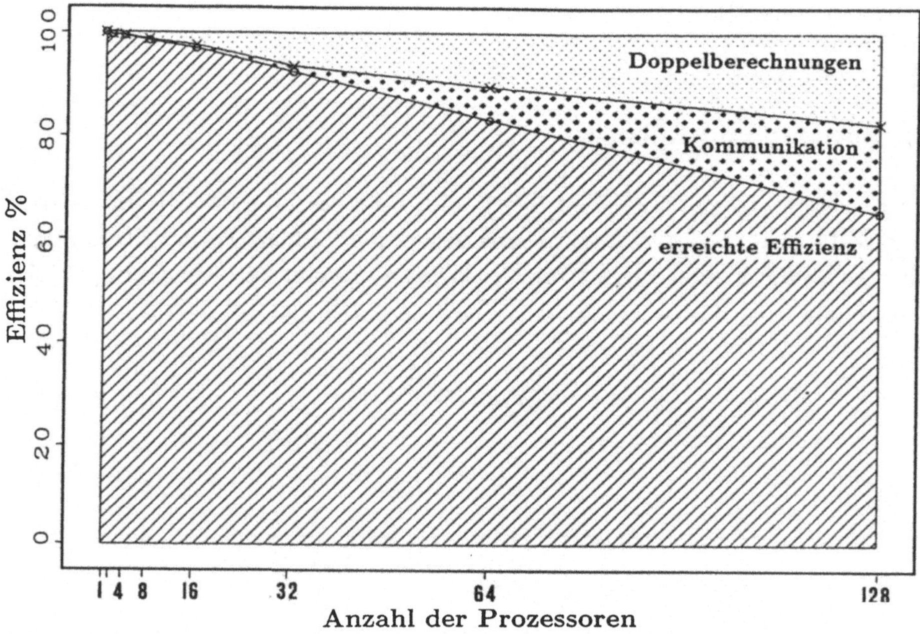

Abbildung 5.2: Effizienz der Prozessoren, Einbußen durch Doppelberechnungen und Kommunikation

In der graphischen Darstellung (Abb. 5.1 und 5.2) erkennt man, daß der Speedup bis zu 16 Prozessoren linear bleibt und die Effizienz über 97% liegt. Mit steigender Prozessorzahl kommt es jedoch zu immer größeren Abweichungen vom idealen Verhalten, bis schließlich die Effizienz mit 128 Prozessoren nur mehr 65% beträgt. Dafür sind hauptsächlich zwei Faktoren verantwortlich: Zum einen das immer schlechter werdende Verhältnis von Kommunikations- zu Rechenaufwand und zum anderen können nicht alle Berechnungen ideal auf die Prozessoren verteilt werden. In der Kommunikationsphase werden nur die konservativen Variablen aber keine Zwischenergebnisse ausgetauscht. Dadurch müssen Teile der Flußberechnung an den Grenzen der Teilgebiete auf benachbarten Prozessoren doppelt ausgeführt werden. Zeitmessungen ergaben, daß beide Faktoren zu etwa gleich großen Effizienzeinbußen führen (Abb. 5.2).

Die gesamte Abarbeitungszeit $T(n)$ kann in zwei Teile aufgespalten werden: Die Zeit für ideal verteilbare Berechnungen T_v und die von der Anzahl der Prozessoren annähernd unabhängige Zeit für Kommunikation und Doppelberechnungen T_k. Mit

$$T(n) \;=\; T_v + T_k \;\approx\; \frac{T(1)}{n} + T_k \tag{5.2}$$

folgt aus den Gleichungen 5.1, daß

$$E(n) \;=\; \frac{T(1)}{T(1) + n\,T_k} \;\approx\; 1 - n\,\frac{T_k}{T(1)} \tag{5.3}$$

Dadurch kann der bei größeren Prozessorzahlen annähernd lineare Verlauf in Abbildung 5.2 erklärt werden.

5.2 Vergleich mit Vektorrechnern

Das ursprüngliche Programm [SE 91] wurde für die Abarbeitung auf Vektorrechnern entwickelt und optimiert. Bei der Parallelisierung blieb die Vektorisierbarkeit der DO-Schleifen vollständig erhalten, so daß das Programm ohne Änderungen und mit derselben Geschwindigkeit wie vorher auf Vektorrechnern lauffähig bleibt. Die vom SC-256 benötigten CPU-Zeiten können somit direkt mit jenen verglichen werden, die von je einem Prozessor einer IBM 3090-600S/VF, einer Cray Y-MP8/832 und einer Siemens-Nixdorf S-400/10 (Fujitsu) erreicht wurden (Tab. 5.2). Die Speedup Werte beziehen sich auf die Rechenzeit eines Transputers.

Vektorrechner	CPU-Zeit	Speedup
SNI S-400	0.429	1125.00
Cray Y-MP	0.985	490.00
IBM 3090/VF	9.166	52.70

Tabelle 5.2: CPU-Zeit (sec.) und Speedup auf Vektorrechnern

Beim Vergleich dieser Werte mit denen des SC-256 (Tab. 5.1) sollten folgende Punkte berücksichtigt werden:

- **Das Programm wurde für Vektorrechner optimiert. Die daraus resultierenden kurzen DO-Schleifen und das Abspeichern von Zwischenergebnissen stellen für den skalaren Transputer einen unnötigen Mehraufwand dar.**

- **Der FORTRAN-Compiler auf dem Transputersystem befindet sich noch in der Entwicklungsphase und führt deshalb keine Programmoptimierung durch. Auch der schnelle on-chip RAM des T800 wird in keiner Weise genutzt.**

Mit unserem Programm sind 64 Transputer ungefähr so leistungsfähig wie ein Prozessor der IBM 3090/VF. Durch die Optimierung des Programms für die skalare Abarbeitung auf allen 256 Prozessoren und mit einem besseren Compiler kann der SC-256 voraussichtlich die Leistungsfähigkeit eines Prozessors einer Cray Y-MP erreichen.

6 Ausblick

Zwei Möglichkeiten zur Beschleunigung der parallelen Abarbeitung des Programms sollen in künftigen Untersuchungen getestet werden, die Aufteilung des Gitternetzes in beide Richtungen und die Optimierung des Kommunikationsprozesses.

Die Anzahl der unnötigen Doppelberechnungen ist proportional zum Umfang der Teilgebiete. Der Kommunikationsaufwand beim Randdatenaustausch ist unter anderem abhängig von der Größe der Datenmenge und dadurch ebenfalls proportional zum Umfang der Teilgebiete. Die damit geforderte Parallelisierung in beide Raumrichtungen zur Minimierung des Umfang/Flächen-Verhältnisses der Teilgebiete ist jedoch auch mit Nachteilen verbunden:

- Zum Austausch der oberen und unteren Randdaten der Teilgebiete müssen vier weitere Kommunikationsschritte eingeführt werden.

- Die kleineren Datenlängen beim Randdatenaustausch führen unter HELIOS nicht zur erwarteten Beschleunigung der Kommunikation, da die langen Startup Zeiten zum dominierenden Faktor werden [JO 90].

- Zusätzlich erfordert die Berechnung der turbulenten Viskositäten durch das algebraische Turbulenzmodell globale Kommunikation in η-Richtung.

Alles in allem wird durch die Parallelisierung in beide Raumrichtungen die Anzahl der Doppelberechnungen und die Menge der auszutauschenden Daten minimiert, jedoch die Anzahl der Kommunikationsschritte mehr als verdoppelt. Erste Testrechnungen zeigten, daß dieser Aufwand sich erst dann lohnt, wenn zuvor der Kommunikationsvorgang selbst beschleunigt wird.

Die Startup Zeiten der Kommunikationsroutinen können durch die Verwendung von Dump-Links minimiert wurden. Die Kommunikation wird in diesem Fall nicht mehr durch das Betriebssystem verwaltet, d.h. das Routen der Daten muß vom Programm selbst durchgeführt werden. Darüberhinaus kann die in der Hardware des Transputers realisierte Parallelität durch asynchrone Kommunikation besser genutzt werden. Der Prozessor kann dadurch gleichzeitig rechnen und Daten senden und empfangen.

Neben der Optimierung des parallelisierten Programms wird versucht, den Algorithmus an sich zu beschleunigen. Aus Stabilitätsgründen ist der größte bei expliziten Verfahren verwendbare Zeitschritt durch die CFL-Bedingung beschränkt. Implizite Verfahren unterliegen dagegen keiner Zeitschrittbegrenzung, was vor allem bei der Berechnung stationärer Strömungen zu einer beachtlichen Beschleunigung der Konvergenz führen kann. Die Implementierung effizienter impliziter Algorithmen auf massiv parallelen Rechensystemen stellt jedoch aufgrund ihres rekursiven Charakters ein zum Teil noch ungelöstes Problem dar und ist Gegenstand der aktuellen Forschungsarbeit.

Literatur

[BA 78] Baldwin, B.S., Lomax, H.: *Thin Layer Approximation and Algebraic Model for Separated Turbulent Flows*, AIAA Paper 78-257 (1978).

[CO 79] Cook, P.H., McDonald, M.A., Firmin, M.C.P.: *Aerofoil RAE 2822 - Pressure Distributions, and Boundary Layer and Wake Measurements.* AGARD-AR-138 (1979).

[HA 84] Harten, A.: *On a Class of High Resolution Total-Variation-Stable Finite-Difference Schemes.* SIAM J. Numer. Anal., Vol.21 (1984).

[JO 90] Joosen, W., Snyers, M., Berbers, Y., Verbaeten, P.: *Evaluating Communication Overhead in Helios.* Transputer Research and Applications 4, ed. D.L. Fielding: 18-29. Amsterdam: IOS Press (1990).

[RO 81] Roe, P.L.: *Approximate Riemann Solvers, Parameter Vectors, and Difference Schemes.* J. Comp. Phys., Vol.43 (1981).

[SE 91] Seider, G., Hänel, D.: *Numerical Influence of Upwind TVD Schemes on Transonic Airfoil Drag Prediction*, AIAA Paper 91-0184 (1991).

[YE 83] Yee, H.C., Kutler, P.: *Application of Second-Order-Accurate Total Variation Diminishing (TVD) Schemes to the Euler Equations in General Geometries*, NASA TM85845 (1983).

Ein paralleler Mehrgitteralgorithmus zur Strömungsberechnung mittels Gebietszerlegung

M. Perić und E. Schreck

Lehrstuhl für Strömungsmechanik
Universität Erlangen-Nürnberg
Cauerstraße 4
8520 Erlangen

Zusammenfassung

Ein existierendes Programm zur Strömungsberechnung mit und ohne Wärmetransport in einfachen Geometrien wurde auf Basis der Gebietszerlegung parallelisiert. Das Programm verwendet die Finite-Volumen-Methode und zur Konvergenzbeschleunigung ein Mehrgitterverfahren. Für eine laminare Rohrströmung mit Hindernis wurde die Effizienz des Programmes auf verschiedenen Parallelrechnern mit verschiedenen Kommunikationsmodi getestet. Dadurch kann der Einfluß von Rechen- und Kommunikationsgeschwindigkeit auf die Effizienz untersucht werden.

Es wurde gezeigt, daß sich die totale Effizienz in drei Faktoren aufspalten läßt. Diese werden numerische, parallele und Synchronisationseffizienz genannt. Basierend auf der oben genannten Untersuchung wurde für die beiden letztgenannten Faktoren ein einfaches Modell zur Vorhersage der Effizienz aufgestellt. Die Testrechnungen zeigen vernünftige totale Effizienzen und die erwarteten Abhängigkeiten von Gittergröße und Prozessorzahl.

1 Einführung

Numerische Strömungsmechanik ist eine ständig wachsende Forschungsdisziplin, deren Methoden heutzutage zunehmend in den Entwicklungsabteilungen der Industrie zur Optimierung strömungsmechanischer Bauteile eingesetzt werden. Die Berechnung realistischer Probleme erfordert große Mengen an Rechenzeit und Kernspeicherplatz, die selbst die heutigen Supercomputer nicht liefern können. Insbesondere werden für eine direkte Simulation der Turbulenz mit steigender Reynoldszahl überproportional mehr Rechenzeit und Kernspeicher benötigt.

Parallelrechner, insbesondere aus der Klasse der MIMD-Rechner, versprechen hier zumindest eine theoretisch skalierbare Rechenleistung. Hervorzuheben sind hier die aus Inmos T800 Transputern aufgebauten Systeme. Diese sind relativ preisgünstig zu erstellen, da die Parallelschaltung über spezielle Hardwarekanäle vorgesehen ist und Chips zur dynamischen Konfiguration von Transputernetzwerken kommerziell verfügbar sind. Außerdem ist das Verhältnis von Rechen- und Kommunikationsleistung ausgewogen, was sich bei den Effizienzen als wichtiger Punkt herausstellen wird. Leider ist die Rechenleistung im Vergleich zu den momentan am Markt befindlichen Mikroprozessoren unterdurchschnittlich. Hier verspricht jedoch der Nachfolger T9000 eine ausgewogene Steigerung von Rechen- und Kommunikationsleistung.

Numerische Strömungsprogramme bieten hier gute Möglichkeiten, da die zugrundeliegenden diskretisierten Operatoren nur Einfluß auf ein beschränktes Gebiet um jeden Punkt haben. Daher kann das Gesamtlösungsgebiet in Teilbereiche zerlegt und verschiedenen Prozessoren zugeordnet werden. Kommunikation ist dann meist nur zum Austausch der Randdaten nötig. Bei der Verwendung natürlicher, geometrisch einfacher Partitionen kann man hohe Effizienzen erwarten. Durch die Einführung zusätzlicher innerer Ränder wächst jedoch die Zahl der benötigten Rechenoperationen. Man muß also eine geeignete Kopplung der Teilgebiete finden, um eine hohe Effizienz zu erreichen. Um die oben genannten Punkte zu untersuchen, wurde ein paralleles Programm in hardwareunabhängiger Weise implementiert und die Effizienzen auf verschiedenen Rechnern gemessen. Besonderes Augenmerk wurde auf die numerische Effizienz, die den Zuwachs an Rechenoperationen mißt, und auf die parallele Effizienz, die den Kommunikationsaufwand beschreibt, gerichtet. Für letztere wurde ein einfaches Modell aufgestellt, das die gemessenen Werte recht gut beschreibt.

2 Berechnungsverfahren

2.1 Serielles Verfahren

Die hier behandelten strömungsmechanischen Problemstellungen umfassen achsensymmetrische zeitunabhängige laminare Rohrströmungen, sowie natürliche Konvektion in abgeschlossenen Behältern. Diese Strömungen sind durch die Erhaltungsgleichungen für Masse, Impuls und Energie beschrieben (s. [PER 88]. Für die Vorhersage solcher Strömungen muß also ein System gekoppelter, nichtlinearer partieller Differentialgleichungen gelöst werden. Dazu wird hier ein Finite-Volumen-Verfahren verwendet. Das Lösungsgebiet wird in rechteckige Finite-Volumen Zellen diskretisiert. Die Integration der Transportgleichungen über die diskreten Kontrollvolumina führt zu einer Gleichgewichtsbeziehung für die Flüsse. Die Konvektions- und Diffusionsanteile der Flüsse werden mittels eines Zentraldifferenzenschemas diskretisiert, was für jedes Kontrollvolumen zu einer algebraischen Gleichung folgender Form führt:

$$A_p \Phi_p + \sum_{nb} A_{nb} \Phi_{nb} = S_{nb} \ , \ \mathrm{nb} = \mathrm{E, W, N, S} \tag{2.1}$$

wobei Φ die Geschwindigkeitskomponenten oder die Temperatur bezeichnet und E, W, N und S die Nachbar Kontrollvolumen. Dies ergibt für das gesamte Lösungsgebiet eine Matrixgleichung, die mit der *Strongly Implicit Procedure* (SIP) von Stone [STO 68] relaxiert wird. Die hierzu nötigen Iterationen werden innere Iterationen genannt. Die gekoppelten Gleichungen für U, V, P und T werden mittels des SIMPLE Verfahrens [PER 88] iterativ gelöst. Um die Konvergenz zu beschleunigen, wird ein Mehrgitterschema angewandt, indem man obige Prozedur auf verschiedenen Gitterebenen mit zusätzlichen Quelltermen durchführt. Das Mehrgitterverfahren ist nach FMG-Art mit mehr als zwei Gittern implementiert. Eine detaillierte Beschreibung des seriellen numerischen Verfahrens findet man in Hortmann et al. [HOR 90] und Perić et al. [PER 88]. Wie später gezeigt wird, reduziert die Mehrgittermethode die Rechenzeit bei einem 256×64 Gitter um den Faktor 20 verglichen mit der Standardmethode.

2.2 Parallele Implementierung

Parallele Berechnung wird, wie bereits in der Einführung beschrieben, durch die Gebietszerlegungsmethode ermöglicht, d.h. auf allen Rechenknoten läuft das gleiche Programm mit unterschiedlichen Eingabedaten (Datenparallelismus). Das Rechengebiet wird dazu in nicht überlappende Teilbereiche zerlegt, die den verschiedenen Prozessoren zugeordnet werden. Bei dem hier zur Diskretisierung verwendeten 5-Punkte-Stern wird zur Berechnung der Kontrollvolumina an den Blockgrenzen ein zusätzlicher Streifen Elemente im lokalen Speicher gehalten. Diese Werte müssen vom Nachbarprozessor aktualisiert werden. Werden komplexere Rechensterne verwendet, müssen zusätzliche Streifen um die inneren Ränder (Blockgrenzen) abgespeichert werden.

Koeffizienten und Quellterme können in jedem Block parallel berechnet werden. Da in der benutzten SIMPLE Strategie die Variablenwerte von der vorherigen Iteration benutzt werden, entsprechen die so berechneten Gleichungssysteme denen im seriellen Fall. Abweichungen zwischen dem seriellen und parallelen Fall treten nur im SIP-Gleichungslöser auf. Wegen der rekursiven Datenabhängigkeiten ist eine effiziente Parallelisierung nur möglich, wenn die Dimension der Prozessorkonfiguration um eins niedriger ist als die der Gitterkonfiguration und das Gitter logisch rechteckig ist [BAS 89]. Der Zeitverlust durch Kommunikation und Synchronisation hängt von der Anzahl der Gitterpunkte und der verwendeten Prozessoren ab und wächst bei der Verwendung komplexer Gitter. Um hier flexibler zu sein, betrachten wir das Gleichungssystem in Subsysteme aufgespalten und lösen diese getrennt in jedem Teilgebiet. Daraus resultiert natürlich eine Verschlechterung der Konvergenzrate, man hat jedoch eine höhere Flexibilität und eine kürzere Berechnungszeit als durch Parallelisierung des Lösers. Denkbar sind nun zwei mögliche Kopplungsstrategien:

- Austausch der Randdaten nach jeder inneren Iteration im Löser (EI)
- Austausch der Randdaten nach dem Gleichunglöser (EO)

Aufgrund der schlechteren Kopplung wird im EO-Fall die Konvergenzrate schlechter sein als im EI-Fall, aber die Kommunikation ist erheblich geringer, was diese Kopplung für Rechner mit hoher Aufsetzzeit geeigneter erscheinen läßt. Das obige gilt für alle zu lösenden Gleichungen. Im Mehrgitterfall ist bei der Restriktion von fein nach grob ein zusätzlicher Datentransfer nötig. Der Austausch der Randdaten ist rein lokal und kann daher auf allen Prozessoren parallel durchgeführt werden. Zur Feststellung der Konvergenz ist globale Kommunikation nötig, da hierzu die Residuen jedes Blocks aufaddiert werden müssen. Dazu senden alle Prozessoren ihre Daten an den ersten, der die Summe berechnet und die Residuen wieder an alle verteilt. So kann jeder Prozessor das

Konvergenzkriterium testen. Im EI-Fall wird normalerweise dieser Mechanismus in jeder inneren Iteration angewandt, da die Anzahl der inneren Iterationen ebenfalls variieren kann.

Mögliche Prozessorkonfigurationen sind Ring und Torus (Zylindermantel) und die entsprechenden Teilgebiete Streifen bzw. Rechtecke. Der Einfluß der Topologie auf die Effizienz wird in einem späteren Abschnitt diskutiert.

2.3 Effizienzanalyse

Zur Beurteilung des Leistungsvermögens von Algorithmen und Rechnern werden Speedupfaktor S_n und Effizienz E^n_{ges} definiert (s. [FOX 88]):.

$$S_n = \frac{T_1}{T_n}, \quad E^n_{ges} = \frac{T_1}{nT_n}, \tag{2.2}$$

wobei T_n die Rechenzeit für das Gesamtproblem mit n Prozessoren bezeichnet. Der Idealfall, $E^n_{ges} = 100\%$, wird aufgrund zusätzlich zu leistenden Aufwands nicht erreicht. Dieser Zusatzaufwand läßt sich in die folgenden vier Punkte aufspalten:

- auf MIMD-Rechnern mit verteiltem Speicher nötige Kommunikation zum Datenaustausch (Randdaten und Residuen) (E_{par})
- Anwachsen der Anzahl der zur Konvergenz benötigten Operationen durch Einführung der zusätzlichen inneren Ränder, die explizit behandelt werden. (E_{num})
- Ungleiche Verteilung der Rechenlast, wenn die Anzahl der Kontrollvolumen pro Prozessor nicht gleich ist. (E_{sync})
- Randeffekte: durch die Gebietszerlegung haben nicht alle Prozessoren die gleiche Anzahl äußerer Ränder, bzw die gleiche Anzahl von Randkontrollvolumen.

Obige Verlustfaktoren lassen sich nun folgende Effizienzen zuordnen. Hierbei bezeichne $OP(\cdot)$ die Anzahl der nötigen Rechenoperationen und $RZ(\cdot)$ die benötigte Rechenzeit.

- Numerische Effizienz

$$E^n_{num} = \frac{OP(bester\ serieller\ Algorithmus\ auf\ einem\ Prozessor)}{nOP(paralleler\ Algorithmus\ auf\ n\ Prozessoren)} \tag{2.3}$$

- Parallele Effizienz:
$$E^n_{par} = \frac{RZ(Iteration\, mit\, parallelem\, Algorithmus,\, ein Prozessor)}{nRZ(Iteration\, mit\, parallelem\, Algorithmus,\, n\, Prozessoren)} \quad (2.4)$$
Hier ist zu beachten, daß die Anzahl der Operationen unabhängig von der Prozessorzahl konstant gehalten wird.

- Synchronisationseffizienz:
$$E^n_{sync} = \frac{RZ(eine\, Iteration\, auf\, dem\, gesamten\, Lösungsgebiet)}{nRZ(eine\, Iteration\, auf\, dem\, größten\, Block)} \quad (2.5)$$
Die Rechenzeit bezieht sich auf einen Prozessor und die Blockeinteilung auf n Blöcke

Letztlich entscheidendes Kriterium für die Güte eines Algorithmus ist die Gesamteffizienz E^n_{ges}, die sich als Produkt der drei obigen Faktoren darstellen läßt.

$$E^n_{ges} = E^n_{num} E^n_{par} E^n_{sync}\,. \quad (2.6)$$

Diese Faktorisierung ist folgendermaßen zu sehen: Die Rechenzeit für das Gesamtverfahren unter Verwendung von n Prozessoren beträgt:

$$T_n = N^{Part}(i_{CV}, n) T_{op} i_{op_n} i_{iter_n} + T_{com_n} i_{iter_n}\,. \quad (2.7)$$

$N^{Part}(i_{CV}, n)$ bezeichnet dabei die Anzahl der Kontrollvolumina des größten entstehenden Blockes bei Unterteilung des Gitters mit i_{CV} Kontrollvolumen auf n Teilbereiche. T_{op} bezeichnet die für eine Gleikommaoperation benötigte Zeit, i_{op_n} die Anzahl der Rechenoperationen pro Kontrollvolumen und pro Iteration bei Verwendung von n Prozessoren, i_{iter_n} die Anzahl der Iterationen beim Einsatz von n Prozessoren, T_{com} die Kommunikationzeit und T_{calc} die Rechenzeit. Damit ist:

$$\begin{aligned} E^n_{ges} &= \frac{i_{CV} T_{op} i_{op_1} i_{iter_1}}{(N^{Part}(i_{CV}, n) T_{op} i_{op_n} i_{iter_n} + T_{com_n} i_{iter_n}) n} && (2.8) \\ &= \frac{i_{op_1} i_{iter_1}}{i_{op_n} i_{iter_n}} \frac{i_{CV}}{n N^{Part}(i_{CV}, n)} \frac{1}{1 + \frac{T_{com}}{N^{Part}(i_{CV}, n) T_{op} i_{op_n}}} && (2.9) \\ &= E^n_{num} E^n_{sync} \frac{1}{1 + \frac{T_{com_n}}{T_{calc_n}}} && (2.10) \\ &= E^n_{num} E^n_{sync} E^n_{par} && (2.11) \end{aligned}$$

Die einzelnen Faktoren haben unterschiedliche funktionale Verläufe und lassen sich bei geeigneter Wahl der Eingabeparameter getrennt untersuchen. Die numerische Effizienz ist nur von der Kopplung der einzelnen Teilgebiete und der

Problemstellung selbst abhängig. Aufgrund der Komplexität der zugrundeliegenden Differentialgleichungen ist es derzeit (und wohl auch in absehbarer Zeit) nicht möglich diese Größe vorherzusagen. Die parallele Effizienz ist abhängig von Hardware, Betriebsystem und Problemdaten und sollte sich theoretisch modellieren lassen, was im nächsten Kapitel auch gezeigt wird. Die synchrone Effizienz ist alleine von den Gitterdaten und der Zerlegung in die Teilgebiete abhängig. Sie läßt sich nach obiger Gleichung leicht angeben. Bei geeigneter Wahl von Gittergröße und Prozessorzahl kann man hier 100% erreichen.

Untersucht wurde nun E^n_{ges}, was einfach gemessen werden kann. E^n_{par} ergibt sich zu E^n_{ges}, falls E^n_{num} und E^n_{sync} jeweils eins sind. Dies wurde durch Berechnung einer festgelegten Anzahl von Iterationen und passende Gittergröße ereicht. Als drittes wurde $E^n_{par}E^n_{sync}$ gemessen.

Anzumerken bleibt, daß diese Maße ein Hilfsmittel zur Beurteilung von Rechnern und Algorithmen sind. Letztlich entscheidend für den Anwender ist aber die Gesamtlaufzeit des Verfahrens. Sonst könnte man mit langsamen Prozessoren sehr gute Effizienzen erzielen, die Laufzeiten würden einen solchen Rechner aber für den Anwender uninteressant machen. Analoges gilt für die Algorithmen. Dieser Punkt wird bei der Diskussion der Ergebnisse nochmals erläutert.

2.4 Modellierung des Zeitverhaltens

Für ein bestimmtes numerisches Verfahren kann ein Modell aufgestellt werden, was das Zeitverhalten des Programmes und damit die parallele Effizienz beschreibt. In unserem Fall wurde das aus folgenden Gründen abgeleitet:

- Zur detaillierten Untersuchung des Einflußes von Hard- und Software auf die parallele Effizienz
- Zum Test auf Eignung des Algorithmus für massive Parallelisierung, indem die Effizienz beim Einsatz sehr vieler Prozessoren berechnet wird.
- Untersuchung der Auswirkung von Änderungen des Algorithmus.

Um das Modell zu entwickeln, ist es nötig, Rechen- und Kommunikationszeit als Funktion der Hardwareparameter aufzustellen. Hier wurde zunächst nur die Ringkonfiguration berücksichtigt. Die Rechenzeit wird zu $\frac{T_1}{n}$ gesetzt, wobei n die Anzahl der Prozessoren ist. Zur Berücksichtigung einer ungleichen Lastverteilung muß die Rechenzeit mit einen Faktor

$$\frac{N_{CV} \div n + \min(1, N_{CV} \bmod n)}{\frac{N_a}{n}} \tag{2.12}$$

multipliziert werden, der die Lastverteilung beschreibt. N_{CV} beschreibt dabei die Anzahl der Kontrollvolumina in x-Richtung und $\div$ die ganzzahlige Division. Die Kommunikation wird in die Bestandteile globale und lokale Kommunikation zerlegt, und die Zahl der Kommunikationvorgänge gezählt. Dies führt zu:

$$T_{loc} = 2N_{neigh}(4 + \sum_{i=1}^{N_{cal}} N_{sw}^{i})(T_{setup} + \frac{N_{CV} N_{DB}}{R_{trans}}) , \tag{2.13}$$

$$T_{glob} = (2 + \sum_{i=1}^{N_{cal}} N_{sw}^{i})(n + \min(n, 4))(T_{setup} + \frac{N_{DB}}{R_{trans}}) , \tag{2.14}$$

wobei N_{cal} die Anzahl der zu lösenden Gleichungen bedeutet, N_{sw}^{i} die Anzahl der inneren Iterationen in Gleichung i, T_{setup} die Aufsetzzeit, R_{trans} die Kommunikationsbandbreite, N_{neigh} die Anzahl der Nachbarn, die bei zwei Prozessoren eins beträgt und sonst zwei ist. N_{DB} steht für die Anzahl der Bytes pro zu übertragender Zahl und N_{CV} ist die Anzahl der zu übertragenden Randkontrollvolumina. Der in () auftauchende Term $(n + \min(n, 4))$, anstelle der erwarteten $2n$ (es sind zwei Durchläufe durch den Ring nötig), erklärt sich durch Synchronisationseffekte, da immer ein lokaler und ein globaler Schritt aufeinanderfolgen und die lokale Kommunikation jeweils 4 Prozessoren entkoppelt.

3 Ergebnisse der Testrechnungen

3.1 Beschreibung der Testfälle

Zunächst wurde eine laminare Strömung in einem achsensymmetrischen Rohr mit Hindernis gewählt. Die Geometrie des Beispieles, anhand des verwendeten Gitters und die berechneten Stromlinien sind in Abbildung 3.1 zu sehen. Als Randbedingungen wurden am Einstromrand ein parabolisches Geschwindigkeitsprofil und am Ausstromrand eine Null-Gradientenbedingung für die Geschwindigkeit vorgeschrieben. Beide Komponenten der Geschwindgkeit verschwinden an den Wänden.

Als zweiter Testfall wurde die natürliche Konvektion in einem geschlossenen Behälter gewählt. Die Schwerkraft wirkt dabei nach unten, Boden und Deckel

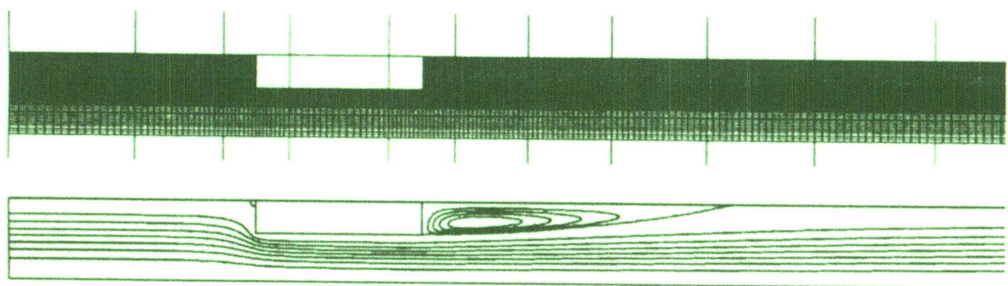

Bild 3.1: Gitter des Testfalles 1 (oben) mit Unterteilung in Teilbereiche und berechnete Stromlinien (unten)

Rechner	T_{setup} (μs)	R_{trans} (MB/s)	$\frac{1}{T_{flop}}$(MFlops)	$\frac{T_{setup}}{T_{flop}}$
Meiko (Channel)	22	1.4	0.45	10
Meiko (Tran.)	180	1.4	0.45	81
Parsytec (dumb Li.)	56	1.3	0.35	20
Parsytec (M.Morts)	180	1.3	0.35	63
Parsytec (Helios)	1340	1.4	0.35	469
SUPRENUM* (sync)	2000	11.6	0.11	220
SUPRENUM* (async)	3310	2.0	0.11	364

Tabelle 3.1: Leistungsdaten der verwendeten Parallelrechner, (* Die Aufsetzzeiten des Suprenum halbieren sich bei Nachrichten $\leq$ 50 Bytes, wegen Compilerprobleme konnte nur der skalare Koprozessor genutzt werden.)

sind adiabatisch, die beiden Seitenwände werden konstant auf unterschiedliche Temperatur gehalten. Die Flüssigkeitseigenschaften werden so gewählt, daß sich ein Rayleighzahl von 10^4 ergibt.

3.2 Verwendete Rechner

Für die Testrechnungen wurden folgende drei Parallelrechner benutzt:

- MEIKO Computing Surface mit 25 MHz T800 und 4 MB Hauptspeicher pro Prozessor. Die vier Transputerlinks werden über Routingchips in der gewünschten Topologie vor dem Laden des Programmes verknüpft. Es standen zwei Kommunikationsmodi zur Verfügung. Einmal ein sehr hardwarenaher Mechanismus (Channel) mit sehr kleiner Aufsetzzeit zur Kommunikation mit den vier nächsten Nachbarn. Als zweites gab es sogenannte Transports mit erweiterter Funktionalität. Diese ermöglichen es zur Programmlaufzeit mit beliebigen Prozessoren eine Verbindung aufzunehmen, aber mit einer 10 mal höheren Aufsetzzeit.

- PARSYTEC Supercluster mit gleich ausgestatten Knoten und ähnlicher Verbindungstruktur. Die Benutzung erfolgte unter dem Betriebsystem Helios, zu dessen Ladezeit die gewünschte Netzwerkkonfiguration angegeben werden mußte. Die Verbindungsstruktur für das Anwenderprogramm wird ebenfalls vor Laden des Programmes angegeben. Zur Verfügung standen folgende drei Mechanismen mit zunehmendem Benutzerfreundlichkeit und Aufsetzzeit: dumb links, ähnlich Channels mit einem Timeoutmechanismus und daher etwas langsamer, Messageports und Ein-, Ausgabeprozeduren als bequemste und langsamste Art. Die Möglichkeit des Meiko-Systems mit Transports erst zur Programmlaufzeit das logische Prozessornetz aufzubauen existiert nicht. Dieser Punkt ist insbesondere bei Programmversionen, die blockstrukturierte Gitter handhaben können wichtig, da erst nach Verarbeitung der Geometriedaten durch das Programm die Prozessortopologie feststeht.
- SUPRENUM Ein Prozessorknoten ist mit Motorola 68020 (16.67 MHz) mit 68881 als skalarem Koprozessor, einem Vektorkoprozessor und mit 8 MB Hauptspeicher bestückt. Das Verbindungsnetzwerk ist eine hierarchische Busstruktur. Es existieren zwei Kommunikationsarten, asynchron und synchron, letztere hauptsächlich aus Testzwecken, aber mit der halben Aufsetzzeit.

3.3 Ergebnisse und Diskussion

3.3 Testfall 1

Der erste Fall wurde ausschließlich in einer Ringkonfiguration und zunächst nur auf dem Meiko-Rechner mit Channel-Kommunikation berechnet, da aufgrund der langestreckten Geometrie bei der Aufteilung in Streifen keine Teilgebiete mit ungünstigen Formen entstanden. Gerechnet wurde das Beispiel mit vier verschiedenen Gittergrößen unter Verwendung von "passenden" Prozessorzahlen, so daß in Bild 3.2 ausschließlich E_{par}^n zu sehen ist. Die Messungen sind mit Symbolen gekennzeichnet, die Werte des Modells mit einer durchgezogenen Linie. Die Modellierung und die Messung stimmen gut überein. Leichte

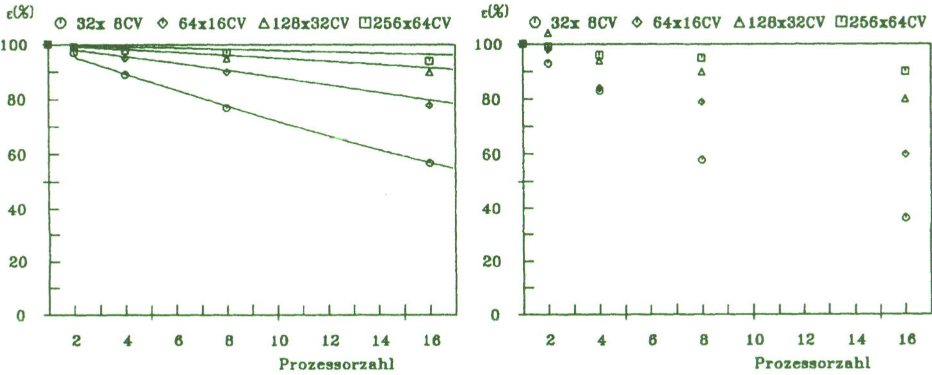

Bild 3.2: Links: Parallele Effizienzen für das Eingitterverfahren auf dem Meiko Transputersystem (EI-Mode, Channel-Kommunikation), Rechts: Gesamteffizienzen

Abweichungen sind bei dem größten Gitter festzustellen, die darin begründet sind, daß aus Speicherplatzgründen die Rechnung nicht auf einem Prozessor durchgeführt werden konnte, so daß die Effizienzen mit einem Schätzfehler behaftet sind. Klar erkennbar sind zwei Abhängigkeiten, die auch für die anderen Rechner gelten. Bei festgehaltener Prozessorzahl wächst die Effizienz mit der Gittergröße. Ursache hierfür ist, daß die Anzahl der Kontrollvolumina pro Prozessor und damit die Rechenzeit pro Iteration sich von einem Gitter zum nächsten vervierfacht, wohingegen sich die Anzahl der zu übertragenden Randdaten nur verdoppelt. Die Zeit für die lokale Kommunikation kann sich höchstens verdoppeln, abhängig vom Anteil der Aufsetzzeit. Allgemeiner formuliert ist die Rechenzeit proportional zur Anzahl der CV des Rechengebietes und die Anzahhl der zu übertragenden Randdaten proportional zur Länge des Randes. Damit variiert das Verhältnis von Rechen- und Kommunikationszeit wie die Quadratwurzel der Anzahl der CV [FOX 88]. Bei gleichbleibender Gittergröße sinkt die Effizienz mit wachsender Prozessorzahl. In diesem Fall bleibt bei einer Ringkonfiguration der zu übertrangende Rand gleich lang, während sich das Rechengebiet pro Prozessor entsprechend verkleinert. Zusätzlich nimmt die Zeit für globale Kommunikation linear mit der Prozessorzahl zu. Die Kommunikation im Gleichungslöser, und damit E^n_{par}, hängt von der Anzahl der Sweeps ab. Hier wurde alle Rechnungen die Kombination $N^u_{sw} = 1, N^v_{sw} = 1, N^p_{sw} = 10$

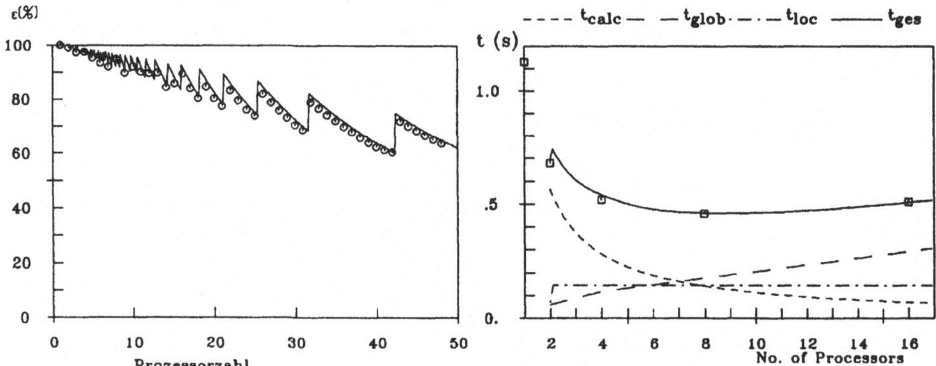

Bild 3.3: Links: Parallele Effizienzen für das Eingitterverfahren auf dem Meiko Transputersystem (EI-Mode, Channel-Kommunikation, 128 × 32CV), Rechts: Zeitanteile für die Rechnung eines 32 × 8 Gitters auf dem Suprenum (sync)

gewählt.

Der nächste untersuchte Faktor ist die Synchronisationseffizienz. Hierzu wurde die parallele Effizienz für alle Prozessorzahlen gemessen. Das Ergebnis ist in Bild 3.3 zu sehen. Die Meßwerte sind mit Symbolen gekennzeichnet sind , die durchgezogene Linie wurde mit dem Modell berechnet. Wie erwartet, ist die Effizienz bei genau abgestimmten Verhältnis von Gittergröße und Prozessorzahl am höchsten. Betrachtet man die Rechenzeiten, stellt man fest, daß sie dennoch monoton abfallen, da die Rechenzeit allein vom Prozessor mit dem größten Block bestimmt wird. Durch geeignete Blockverteilung ist zu erreichen, daß die maximale Abweichnug zwischen den Blöcken eine CV-Spalte beträgt. So ist gewährleistet, daß die Größe des größten Blockes bei zunehmender Prozessorzahl abnimmt. Die Synchronisationseffizienz ist allein von Gitter und Prozessorzahl abhängig und unbeeinflußt von Hard- und Software. Sie soll daher im weiteren unberücksichtigt bleiben.

In Abbildung 3.2 sind die Gesamteffizienzen dargestellt. Sie zeigen die gleichen Abhängigkeiten wie die parallelen Effizienzen. Da sich die Gesaamteffizienz als das Produkt von numerischer und paralleler Effizienz dargestellen läßt, zeigt die numerische Effizienz das gleiche Verhalten bezüglich Gitter und Prozessorzahl. Der Grund ist, daß bei kleinerem Verhältbis von Rand- zu inneren Kontrollvo-

		Eingitter				
Comp.	$\frac{T_{setup}}{T_{flop}}$	32 × 8	64 × 16	128 × 32	256 × 64	MG
Meiko (Ch.)	10	57	78	90	94	86
Par. (Du. Li.)	20	43	71	88	93	80
Par. (M. P.)	63	29	59	82	91	72
Meiko (tr.)	81	20	48	76	89	64
Sup. (sync)	220	14	39	70	89	56
Sup. (async)	364	8	26	57	82	42
Par. (He.)	469	4	13	37	64	24

Tabelle 3.2: E_{par}^{16} bzw. E_{ges}^{16} im Mehrgitterfall in Abhängigkeit vom verwendeten Rechner und der Gittergröße

lumina die Störungen der Konvergenz durch die zusätzlich eingeführten inneren Ränder geringer sind. Die Zunahme der bis zur Konvergenz nötigen Iterationen kann jedoch wegen der Komplexität der gekoppelten Gleichungen nicht vorhergesagt werden.

Alle bisherigen Ergebnisse wurden mit der EI-Kopplung erzielt. Als nächstes wurden Messungen mit der EO-Kommunikation durchgeführt. Zu erwarten ist, daß zunächst die Anzahl der Iterationen zunimmt, da die Kopplung zwischen den Blöcken schwächer wird. E_{num}^{n} sollte also abnehmen, was auch beobachtet wird. E_{par}^{n} nimmt zu, da ein erheblicher Teil der Kommunikation wegfällt. Der relative Unterschied von E_{par}^{n} zwischen den beiden Kommunikationsmodi hängt von der Kommunikationleistung des Rechners ab. Er wird umso größer ausfallen, je langsamer die Kommunikation ist. Daraus folgt, daß abhängig vom Rechner der Verlust an numerischer Effizienz durch den Gewinn an paralleler Effizienz ausgeglichen werden kann. Untersucht wurde dies auf dem Meiko,-Rechner bei dem der EI-Mode überlegen war, und auf dem Suprenum, bei demgggg beide Modi fast gleichwertig waren. Allerdings scheint der EO-Mode teilweise eine zu starke Entkopplung zu verursachen, so daß nicht immer eine Konvergenz gewährleistet ist [PER 90]. Dies ist problemabhängig und bedarf einer weiteren Untersuchung.

Wie der letzte Abschnitt gezeigt hat, kann die Wahl des geeigneten Algorithmus vom Rechner abhängen. Es sind daher auf den weiter oben beschriebenen Rechnern Effizienzuntersuchungen durchgeführt worden, um die hierfür relevanten Faktoren zu bestimmen. Ein Vergleich mit dem Modell bei den verschiedenen Gittern und Rechnern zeigt eine gute Übereinstimmung. Als entschei-

	Eingitter			Mehrgitter		
Anz. Proz.	Zeit(s)	E_{ges}(%)	Iter.	Zeit(s)	E_{ges}(%)	Iter.
1	27000*	100	1596	5700*	100	49
2	13690	96	1600	–	–	–
4	6991	94	1623	1601	90	49
8	3568	95	1637	183	95	49
16	1870	90	1674	101	86	49

Tabelle 3.3: Vergleich von Ein- und Mehrgitterverfahren auf einem 256×64 Gitter auf dem Meiko Transputersystem

dend für die Effizienz stellt sich das Verhältnis $\frac{T_{comm}}{T_{calc}}$ heraus, wobei zumeist die Aufsetzzeit der beschränkende Faktor ist. Zur Charakterisierung der Rechner kann daher z.B. die Größe $\frac{T_{setup}}{T_{flop}}$ gewählt werden. Diese Größe gibt die Anzahl der Gleitkommaoperationen an, die in einer Aufsetzzeit durchgeführt werden können. In Tabelle 3.2 wurden über obigem Merkmal die parallelen Effizienzen bei konstanter Prozessorzahl und verschiedenen Gittern aufgetragen. Es ist deutlich zu sehen, daß insbesondere bei den kleineren Gittern eine unausgeglichene Kommunikationsleistung sich negativ auf die Effizienz auswirkt. Dieser Einfluß nimmt mit wachsender Gittergröße ab. Um den größten Zeitverlust erkennen zu können, wurde das Modell dazu benutzt die Rechen- und Kommunikationsanteile getrennt aufzutragen (Abb. 3.3). Deutlich erkennt man, daß der Aufwand für die globale Kommunikation, der linear mit der Prozessorzahl wächst, überdurchschnittlich zu Buche schlägt, insbesondere wenn bei hohen Aufsetzzeiten globale und lokale Kommunikation gleich lange dauern.

Eine wichtige Erweiterung des Verfahrens ist der Übergang zu einem Mehrgitteralgorithmus. Die Zeiten aus Tabelle 3.3 zeigen den enormen Zeitgewinn, den dieses Verfahren liefert. Bei der hier gewählten Konfiguration erhält man eine Beschleunigung um einen Faktor 20. Vergleicht man die Effizienzen mit dem Eingitterfall, und untersucht die verschiedenen Rchener (s. Tab. 3.2), ergibt sich eine schlechtere Effizienz, bzw eine große Empfindlichkeit von der Aufsetzzeit der Kommunikation. Dieses Verhalten hat seine Ursache darin, daß bei dem Mehrgitterverfahren einige Iterationen auf groben Gittern durchzuführen sind, was, wie oben gezeigt, ungünstig bezüglich der Kommunikation ist. Es muß sogar darauf geachtet werden, daß genügend Grobgitterrelaxationen durchgeführt werden, um die numerische Effizienz des Mehrgitterverfahrens zu erhalten. Werden die Parameter entsprechend eingestellt, bleibt die Anzahl der Iterationen auf dem feinsten Gitter konstant, was auf eine hohe numerische Effizienz hindeutet.

Verbesserungsmöglichkeiten für die hier vorgestellten Programmversionen setzen zunächst an der globalen Kommunikation in den inneren Iterationen an. Denkbar wäre, auf sie ganz zu verzichten und die Zahl der inneren Iterationen fest vorzuschreiben, was nur möglich ist, wenn typische Werte für das jeweilige Problem bekannt sind. Eine andere Möglichkeit wäre, für die globale Kommunikation andere Netzstrukturen zu wählen, wie z.B. binäre Bäume. Der Zeitbedarf würde sich asymptotisch nur logarithmisch verhalten. Dies ist auf den Transputernetzwerken etwas schwieriger, auf Bussytemen wie dem Suprenum relativ einfach zu realisieren. Im nächsten Abschnitt wird als Netzwerk ein Torus betrachtet, was den Zeitbedarf für globale Kommunikation auf $O(\sqrt{(n)})$ senkt. Kritisch wird dies insbesondere bei massiv parallelen Systemen mit sehr vielen Prozessoren, bei denen obige Änderungen unbedingt einzusetzen sind.

Für das Mehrgitterverfahren ist die Agglomeration eine Alternative. Hier werden die groben Gitter auf weniger Prozessoren berechnet. Dies erfordert einerseits Kommunikation, um die Daten zu sammeln and läßt einige Prozessoren untätig, vermindert aber anderseits die Grobgitter Kommunikation und kann bei Systemen mit hoher Aufsetzzeit Vorteile zeigen [HEM 88].

3.3 Testfall 2

Der zweite Testfall mit der quadratischen Geometrie lies es geraten erscheinen eine flexiblere Form von Teilbereichen vorzusehen und als Prozessornetzwerk eine Feldanordnung einzusetzen. Im Folgenden sollen nur die Änderungen die sich durch die neue Anordnung ergeben vorgestellt werden. Aufgetragen in Bild 3.4 ist die parallele Effizienz über der Anzahl der Blöcke in x-Richtung. Wie bei der Ringkonfiguration sinkt die Effizienz mit wachsende Prozessorzahl. Außerdem hat die quadratische Anordnung die höchste Effizienz. Dies hat zwei Gründe. Zum einen ist die globale Kommunikation deutlich schneller. Sie ist linear zur Summe der Prozessoren in x- und in y-Richtung und ist in der quadratischen Anordnung demnach proportional zur Quadratwurzel der Gesamtprozessorzahl anstelle einer linearen Beziehung in der Ringanordnung. Zum zweiten ist die Datenmenge für die lokale Kommunikation kleiner, da der Umfang eines Quadrates bezüglich aller Rechtecke mit gleicher Fläche optimal kurz ist. Allerdings ist die Zahl der Nachrichten verdoppelt (jetzt sind

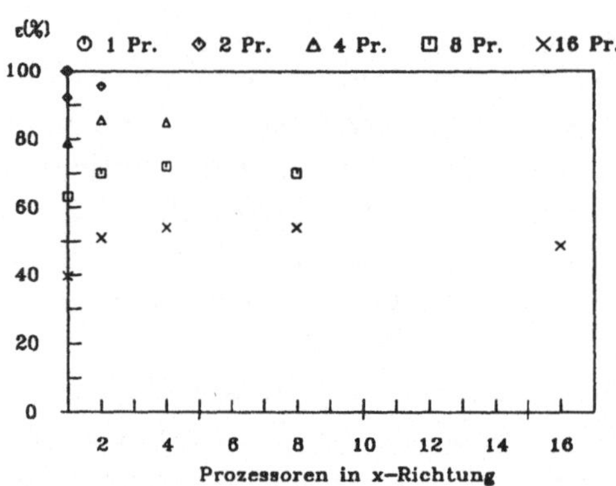

Bild 3.4: Parallele Effizienzen für Testfall 2 (16 × 16 Gitter) auf dem Meiko-Transputersystem (EI-MOde, Channel Kommunikation)

zusätzlich oben und unten Nachbarn vorhanden). Dies wirkt sich negativ auf Systeme aus, deren Kommunikation von der Aufsetzzeit bestimmt ist. Die Abweichung in den Effizienzen bezüglich einer Vertauschung von x und y Prozessoren ist darin begründet, daß wegen der Ausrichtung der Felder im Speicher bei einem Randdatenaustausch in y-Richtung zusätzlich Speicherzugriffe auszuführen sind, da die Daten in dieser Richtung nicht dicht im Speicher liegen. Daher ist die Effizienz z.B. in der Anordnung 16 × 1 deutlich geringer als in der Anordnung 1 × 16.

Ein weiterer wichtiger Punkt ist die Auswirkung auf die numerische Effizienz, die, wie bereits beschrieben, vom Verhältnis der Randpukte zu den inneren Punkten abhängt. Die führt dazu, daß auf einem 16 × 16 Gitter mit 16 × 1 und 1 × 16 keine Konvergenz zu erzielen ist, wohingegen die 4 × 4 Anordung konvergiert. Die Mehrgitterergebnisse sind in Tabelle 3.4 zu sehen. Um die Anwendbarkeit auf große Produktionsläufe zu untersuchen, wurde dieser Testfall mit fünf Gitterebenen (348 × 512 Kontrollvolumina auf dem feinsten Gitter) betrachtet. Gerechnet wurde mit 48 und 192 Prozessoren in einer 6 × 8 bzw. 12 × 16 Konfiguration. Als Vergleich dient die Rechenzeit eines Cray YMP Prozessors im Skalarmodus. Die Rechenzeitvergleiche sind in Tabelle 3.5 dargestellt. Mit 48 T800 des Meiko-Systems erreicht man nahezu die skalare Rechenleistung eines Cray-Prozessors. Damit ist die Einsatzfähigkeit auch

Netzwerkkonfiguration			Mehrgitter		
Anz Proz.	x-Proz	y-Proz.	Zeit (s)	$E_{ges}(\%)$	Iter.
1	1	1	1131*	100	20
4	1	4	335	84	22
	2	2	307	92	21
	4	1	318	89	21
8	1	8	196	72	23
	2	4	174	81	22
	4	2	173	82	21
	8	1	224	63	28
16	1	16	131	54	21
	2	8	103	69	22
	4	4	100	71	23
	8	2	122	58	28
	16	1	145	49	28

Tabelle 3.4: Iterationen und Rechenzeiten für Testfall 2 (128×128 CV, 4 Gitter) auf dem Meiko Transputersystem

für größere Rechnungen gezeigt.

4 Zusammenfassung

Die Ergebnisse der oben vorgestellten Untersuchung können wie folgt zusammengefaßt werden:

- Die numerische Effizienz bei EI-Kopplung ist für die betrachteten Beispiele hinreichend gut.

Computer	Prozessoren	Iterationen	Rechenzeit (s)
CRAY YMP	1	21	315
Meiko	48	22	382
Parsytec	48	22	527
Parsytec	192	28	324

Tabelle 3.5: Zahl der Iterationen und Rechenzeiten für Testfall 2 (384 CV, 5 Gitter) auf verschiedenen Computern.

- Für eine gute parallele Effizienz sollte das Verhältnis von Rechen- und Kommuniklationsleistung ausgewogen sein.
- Das Mehrgitterverfahren behält seine gute numerische Effizienz, allerdings hängt die Gesamteffizienz kritisch von der Kommunikationsleistung ab. Zu Problemen könnte dies bei massiv parallelen Systemen führen, hier scheint Agglomeration eine Abhilfe zu bieten.
- Zur Voraussage der parallelen und synchronen Effizienzen wurde ein einfaches Modell vorgeschlagen, das gute Übereinstimmung zeigt.
- Mit 48 T800 Prozessoren konnte nahezu die skalare Leistumg eines CRAY YMP Prozessors erreicht werden.

Literatur

[BAS 89] P. Bastian und G. Horton, 'Parallelization of Robust Multi-Grid Methods: ILU Factorization and Frequency Decomposition Method', *Notes on Numerical Fluid Mechanic*, Eds.: W. Hackbusch und R. Rannacher, 30, 24-36(1989)

[FOX 88] G. Fox, M. Johnson, G. Lyzenga, S. Otto, J. Salmon und D. Walker, *Solving Problems on Concurrent Processors*, (1988)

[HEM 88] R. Hempel und A. Schüler, 'Experiments with parallel Multigrid Algorithms using the SUPRENUM Communications Subroutine Library, *GMD-Studien*, 141, (1988)

[HOR 90] M. Hortmann, M. Perić and G. Scheurer, 'Finite Volume Multigrid Prediction of Laminar Natural Convection: Benchmark Solutions', *Int. J. Num. Meth. in Fluids*, 11(2), 189 -207 (1990)

[PER 88] M. Perić, R. Kessler and G. Scheuerer, 'Comparison of Finite-Volume Numerical Methods With Staggered and Colocated Grids', *Computrs & Fluids*, 16, 389-403 (1988)

[PER 90] M. Perić, M. Schäfer und E. Schreck, 'Computation of Fluid Flow with a Parallel Multi-Grid Solver', *Proc. Parallel Computational Fluid Dynamics*, Juni 1991, Eds.: K. G. Reinsch et al., im Druck

[STO 68] H.L. Stone, 'Iterative Solution of implicit approximations of multidimensional partional differential equations',*SIAM J. num. Anal.*, 5, 530-558 (1968)